KB239300

렛츠고! 발명십계명

초판 1쇄 발행일 2016년 2월 15일 • 초판 2쇄 발행일 2016년 5월 15일

기획 강희만, 권선주, 김명환, 김승보, 박희승, 배재욱, 백인홍, 임준영, 임현석

지은이 발명탐정 진 기획단

감수 왕연중

도움 주신 분 양성우, 임영진, 정호근, 한창희

펴낸곳 (주)도서출판 예문 • 펴낸이 이주현

편집 김유진 · 홍대욱 · 박정화 • 디자인 아인투 • 관리 윤영조 · 문혜경

등록번호 제307-2009-48호 • 등록일 1995년 3월 22일 • 전화 02-765-2306

팩스 02-765-9306 • 홈페이지 www.yemun.co.kr

주소 서울시 강북구 미아동 374-43 무송빌딩 4층

ISBN 978-89-5659-300-5 (64400)

※ 이 책은 특허청 · 한국발명진흥회 개발 G러닝 콘텐츠 〈발명탐정 진〉 학습도구 에디션의
　워크북으로 활용할 수 있습니다.

발명탐정 진 기획단 **지음** | 왕연중 **감수**

예문

발명으로 한 걸음 더 가까이

창의성이 디지털네이티브 세대들에게 핵심적인 역량으로 주목받음에 따라, 창의성과 인성을 배울 수 있는 발명교육의 중요성이 대두되고 있습니다. 올해부터는 초등 실과 과목에 발명이 포함되어 발명교육이 정규 교과 영역으로 확대되었습니다.

이에 발명에 대한 학생과 학부모님들의 관심과 이해도를 높이고, 일선 교사들의 발명 교육에 도움을 주기 위하여 우리는 발명 G러닝 콘텐츠를 개발하였습니다. 그 결과물이 현재 모바일에서 서비스 중인 〈발명탐정 진〉입니다. 올해 개발된 〈발명탐정 진〉 학습도구 에디션은 학교의 웹사용 환경 및 초등 수업시간을 고려한

G러닝 콘텐츠 PC 버전으로, 2016년부터 전국 초등교육에서도 사용할 수 있도록 준비하였습니다.

　이 책은 〈발명탐정 진〉 PC버전과 연계된 워크북으로 개발되었습니다. PC버전과 함께 심화학습이 가능하며, 수업 시간에는 교재로 활용할 수 있습니다. 또한 발명에 관심이 있는 독자에게 지식과 재미를 전달하는 한 권의 개별적인 도서로도 충분히 가치를 지니고 있습니다.

　창의적인 문제해결 능력 함양을 주제로 한 이 책은 〈발명탐정 진〉을 접하는 학생들이 자기 자신이 생산적이고, 창조적이며, 가치 있는 사람이라는 것을 스스로 깨달을 수 있도록 돕는 인생의 길잡이의 역할을 할 수 있기를 기대합니다.

한국발명문화교육연구소 소장
왕연중

〈발명탐정 진〉은 재미있는 퍼즐 게임과 흥미로운 역사 속 발명을 접목시킨 학습 게임입니다.

G러닝 콘텐츠의 개발 · 보급 확산을 위해 특허청 · 문화체육관광부 · 한국발명진흥회 · 한국콘텐츠진흥원 간 공동 개발 합의를 토대로 개발되었습니다.

2014년 정식 버전 개발 및 효과성 검증을 거쳐 모바일 앱으로 서비스 중입니다. (구글플레이 스토어와 앱스토어에서 만날 수 있습니다.)

발명탐정 진 줄거리

호기심 많고 영리한 소년 진은, 이웃집의 발명가 한운호 박사가 발명한 타임머신을 실수로 작동시켰다가 같은 타임머신을 사용하는 31세기의 범죄자 판트리올 박사를 불러들입니다. 판트리올 박사는 한 박사를 납치해 어디론가 사라지고, 진은 31세기 경찰 한그린 경감과 협력하여 한 박사를 구출하기 위해 시간여행을 시작합니다.

미래의 발명탐정 한그린, 판트리올을 만나다! —이 책의 줄거리

한그린의 아버지 한수명 박사의 지시로, 어린 한그린과 어린 판트리올은 함께 가상현실 테마파크에서 역사 속 발명가와 결정적 발명의 순간을 체험하고 발명십계명(발명의 열 가지 원리)을 몸소 깨우치게 됩니다. 모바일 게임 〈발명탐정 진〉에 등장하는 어린 시절의 한그린 경감과 판트리올 박사의 모습을 만나보세요. 〈발명탐정 진〉의 게임 줄거리와 연결시켜 보면 더욱 재밌습니다!

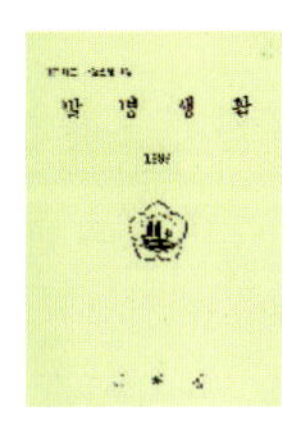

- 발명십계명은 한국발명문화교육연구소의 왕연중 소장님이 1989년에 창안, '발명생활'이라는 교재를 통해 발표한 세계적인 발명 기법이다.

주요 등장인물

한그린 | 한운호 박사의 후손인 한수명 박사의 딸. 노벨상 수상자인 아버지를 닮아 머리가 좋고, 발명에 관심이 많다. 발랄하고 유쾌하며, 어디로 튈지 모르는 엉뚱한 성격의 소유자이다.

판트리올 | 모르는 것이 없는 발명 천재 소년. 한수명 박사의 지시로 한그린을 찾으러 인벤션 월드에 들어갔다가 얼떨결에 발명 시간여행을 같이하게 된다. 까칠해 보이지만 속으로는 한그린을 챙기고 있다.

한수명 박사 | 한그린의 아버지. 31세기 대한민국이 낳은 전 세계적으로 저명한 과학자이자 발명가. 노벨상을 수상했으며, 발명테마파크 인벤션 월드의 창립자이다.

차례

31세기 발명 테마파크
인벤션 월드 개장 날!!
인벤션 월드 개장 전, 점검을 모두 마쳤으니...
INVENTION 자문서
박사님! 한그린이 없어졌어요!
정말 못 말릴 녀석이군. 분명 인벤션 월드에 몰래 들어갔을 게야.
예~
판트리올, 네가 가서 좀 데리고 오려무나.

한그린!
어디 있어!
나 여기 있어!
이리 와 봐!
박사님이 걱정하시잖아.
어서 돌아가자!
좋아, 문이 열렸다!
자, 잠깐! 그렇게 막 들어가면…
이거 하나만 보고
집에 가자구~!
우…우와!!!!
E-01

알프레드 노벨과 다이너마이트 이야기

INVENTION WORLD

"대체 여기가 어디야?"

한그린이 어리둥절한 표정으로 물었어요. 한그린과 판트리올, 두 사람은 벌판 한가운데 서 있었어요. 공장 하나가 보일 뿐, 주변은 온통 황량한 풍경이었어요. 한그린이 투덜거리듯 말했어요.

"발명 시간여행이 뭐 이래? 좀 멋있는 데로 갈 수는 없었어?"

판트리올이 타임머신을 들여다보며 신중하게 말했어요.

"1863년, 스웨덴 스톡홀름 근교야……. 뭔가 생각날 것도 같은데."

"저기 공장 좀 봐! 불이 번쩍번쩍해!"

한그린이 까불거리면서 공장 쪽으로 걸어가기 시작했어요. 그 모습을 본 판트리올이 갑자기 소리쳤어요.

"아, 생각났다! 다이너마이트! 더 가까이 가지 마!"

판트리올은 한그린을 감싸고 엎드렸어요. 공장이 요란한 소리를 내며 폭발

하고 검은 연기가 피어올랐습니다.

여기저기서 사람들이 외치는 소리가 들려왔어요.

"또 사고가 났어!"

"니트로글리세린은 위험하다니까!"

"다시는 공장을 세우지 못하게 해야 해!"

그때 멀리서 자동차 한 대가 달려오는 것이 보였어요. 공장 앞에서 급히 멈추어 선 자동차에서 신사 한 사람이 내리더니 털썩 무릎을 꿇고 흐느끼기 시작했어요.

"아아, 이럴 수가, 에밀!"

한편, 판트리올이 한그린을 일으켜 옷에 묻은 흙을 털어주며 말했어요.

"봐, 위험하잖아."

한그린은 겸연쩍게 웃었어요. "고마워." 그리고 바로 앞에서 울고 있는 신사의 모습을 보고선 의아한 표정으로 물었어요.

"그런데 저 아저씨는 누구야?"

"알프레드 노벨. 여긴 그의 화약 공장이야. 폭발 사고로 방금 동생 에밀이……."

"노벨이면, 우리 아빠가 받은 상 이름인데."

"맞아, 노벨이 남긴 재산으로 주는 상이야. 이제 노벨이 그의 최대 발명품을 만드는 순간으로 가볼까!"

한그린과 판트리올 앞에 노벨이 연구에 몰두하는 장면이 나타났어요. 사실 두 사람은 홀로그램으로 노벨을 보고 있기 때문에 노벨의 눈에는 두 사람이 보이지 않아요.

노벨은 무엇인가 들어있는 플라스크를 뚫어져라 바라보며 생각에 골몰할 뿐이었어요.

그때 실수로 그가 플라스크를 떨어뜨리고 말았어요! 그는 비명을 지르며 바닥에 엎드렸어요. 하지만 아무 일도 일어나지 않자, 노벨은 플라스크 속 니트로글리세린이 흘러내린 곳을 살펴보았어요. 니트로글리세린은 하얀 흙 위에 쏟아져 있었지요.

한그린이 말했어요.

"대체 지금 뭘 하고 있는 거지?"

"니트로글리세린을 가지고 실험하고 있어. 한그린, 니트로글리세린이 뭐지?"

"분자식 $C_3H_5(NO_3)_3$, 분자량 227.09, 비중은 1.596(15℃). 이탈리아 화학자 소브레로가 1846년 합성한 화학물질이야."

"맞아, 똑똑한 거 하나는 마음에 드는군."

"그런데 저 하얀 흙은 뭐지?"

"규조토야. 식물성 플랑크톤인 규조류의 유해가 물 밑에 쌓여서 만들어진 토양이라 미세한 구멍이 많거든. 그래서 니트로글리세린을 흡수해 충격에서 보호할 수 있지.

하지만 노벨은 우연히 다이너마이트를 발견한 게 아니야. 꾸준한 연구로 가장 효과적인 방법을 찾아낸 거지. 노벨은 1866년, 니트로글리세린에 규조토를 더해서 다이너마이트를 만들었어. 발명십계명의 기본 원리인 '더하기' 원리를 이용한 세기의 발명이었지.

다이너마이트가 발명된 이후로 사람들은 더 빠르고 큰 규모의 공사를 할 수 있게 되었어. 노벨은 어마어마한 부자가 되었고 말이야."

한그린이 손뼉을 치며 말했어요.

"대단해! 다이너마이트는 정말 좋은 발명품이었구나!"

판트리올은 고개를 저었어요.

"그렇다고만 볼 수는 없어. 다이너마이트는 전쟁에서 무기로 사용되기도 했거든."

"자신의 발명품이 전쟁의 무기로 사용되다니, 노벨은 슬프지 않았을까?"

"그것 때문에 상당히 괴로워했다고 전해져. 한편, 무기가 아주 강해지면 사람들이 그 파괴력을 겁내서 오히려 전쟁을 멈출 거라고 말한 적도 있다고 해. 어쨌거나 그가 자신의 발명품이 전쟁에 쓰이는 것과 관련해 노벨은 크게 고민한 것이 분명해. 다이너마이트로 번 돈으로 인류에게 좋은 일을 하기 위해 노벨상을 만들었으니까."

두 사람은 갖가지 실험도구들이 즐비한 노벨의 연구실을 구석구석 둘러보았어요.

판트리올이 한눈을 파는 사이, 한그린이 갑자기 어디론가 달리기 시작했어요. 판트리올은 골치 아프다는 표정으로 쫓아가며 소리쳤어요.

"어디 가? 딱 하나만 보고 집에 간다며!"

한그린이 놀리듯 대답했어요.

"난 그런 말 한 적 없는데!"

문득 앞서가던 한그린이 뒤돌아서 큰 소리로 말했습니다.

"노벨상은 그래도 많은 사람들에게 희망을 줬겠지?"

판트리올이 웃음을 터뜨리며 말했어요.

"똑똑한 데다 긍정적이기까지 하네. 암튼 같이 가자고!"

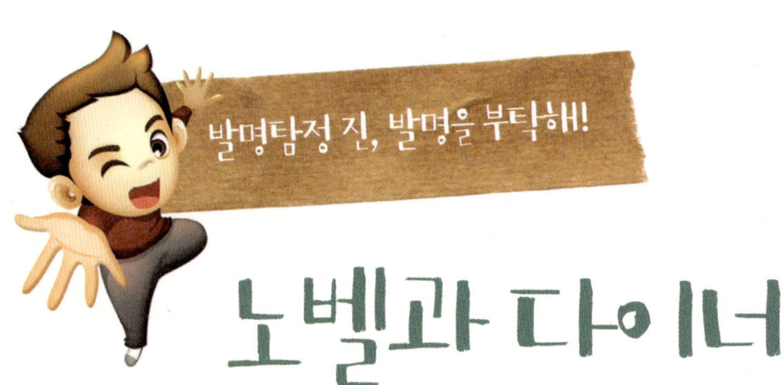

노벨과 다이너마이트

알프레드
베른하르드 노벨
Alfred Bernhard Nobel
(1833년~1896년)

스웨덴의 과학자로 스톡홀름에서 발명가의 아들로 태어났어요. 고체 폭탄인 다이너마이트를 발명해 특허를 받아 그의 가문은 유럽 최대의 부호가 되었어요. 그의 유언에 따라 노벨상이 제정되었답니다.

알프레드 노벨은 19세기 스웨덴 출신의 발명가로, 그의 아버지 또한 발명가였습니다. 아버지의 사업이 망하자 그는 니트로글리세린이란 액체로 폭약을 만드는 연구에 몰두했어요. 니트로글리세린은 당시만 해도 터뜨리는 방법을 몰라 쓰지 못하던 물질이었어요. 폭발력이 아주 강한데다, 작은 충격에도 쉽게 폭발해버려서 무척 위험했죠.

그러던 어느 날, 노벨이 운영하던 '니트로글리세린 실험실'에서 커다란 폭발 사고가 일어났어요. 실험실이 있던 스웨덴 스톡홀름 시내 전체가 놀랄 정도로 큰 사고였다고 해요. 다행히도 노벨은 그곳에 없었지만, 그의 막냇동생 에밀과 노동자 다섯 사람이 숨지고 말았어요.

이후 노벨은 니트로글리세린을 안전하게 사용하는 방법을 찾기 위해 더욱더 실험에 매달렸습니다. 문제는 니트로글리세린이 액체라 쉽게 폭발한다는 것이었죠. 노벨은 폭약을 고체로 만들기 위해 종이, 톱밥, 석탄 가루 등을 섞는 실험을 거듭했어요.

1867년, 마침내 그는 니트로글리세린을 규조토에 흡수 시키면 폭발력을 유지하면서도 안정성을 높인 고체 폭약을 만들 수 있다는 걸 알아냈어요. '더하기' 원리의 열매, 다이너마이트가 탄생한 거예요.

수에즈 운하, 알프스 산맥의 터널 공사를 비롯해 전 세계 공사 현장과 전쟁터 등지에서 다이너마이트는 널리 쓰였고 노벨의 사업은 대성공을 거두었죠.

그러나 사실 노벨은 자신이 발명한 다이너마이트가 전쟁에 쓰이는 걸 보면서 무척 괴로워하고 있었어요. 그는 자기 전 재산으로 노벨상을 만들라는 유언장에서 "군대를 폐지 또는 축소하거나 평화에 가장 큰 공을 세운 사람"에게도 상을 주라고 했답니다. 오늘날 알프레드 노벨은 다이너마이트뿐 아니라, 권위 있는 노벨상으로 길이 기억되고 있답니다.

노벨상

매년 인류의 문명 발달에 학문적으로 기여한 사람에게 주어지는 상입니다. 1901년부터 노벨 물리학상, 노벨 화학상, 노벨 생리학·의학상, 노벨 문학상, 노벨 평화상이 수여되었지요.

1940년대 다이너마이트 폭파를 연습하는 모습

● 다이너마이트는 어디에 사용될까요?

다이너마이트는 광산의 석재 토굴, 도로 건설, 건물 폭파 등에 사용됩니다. 다이너마이트는 현대 문명의 발전에 큰 공헌을 했어요. 예를 들어, 최초로 바다와 바다를 이어주어 매우 중요한 의미를 갖는 수에즈 운하는 다이너마이트가 없었다면 만들어지지 못했을지도 몰라요.

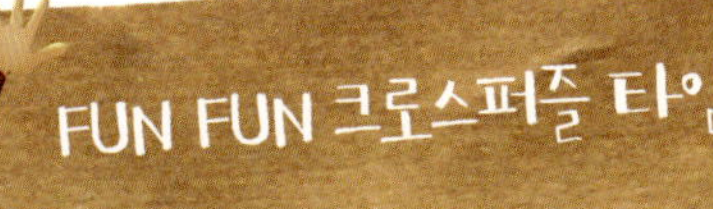

*친구들과, 가족들과 함께 풀어보고 모르는 것은 선생님께 물어보도록 해요!

발명십계명 QUIZ

우리 일상 속에서도 '더하기' 사고를 통해 만들어진 발명품을 많이 발견할 수 있어요. 그중에서도 바퀴와 신발을 더해 만들어진 물건은 무엇일까요?

(1) 자전거   (2) 보트   (3) 롤러블레이드

(4) 전동바이크   (5) 휠체어

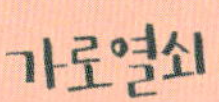

1. 다이너마이트를 발명한 사람의 이름

2. 센 압력이나 열을 받으면 폭발하는 물질로, 다이너마이트는 고체 ○○에 속한다.

3. 고대 그리스 신화의 열두 신이 산다는 산

5. 비가 올 때는 펴서 머리 위를 가리고, 비가 오지 않을 때는 접어서 가지고 다니도록 발명된 물건

8. 폭발력이 강한 액상화합물로, 이것을 규조토에 더함으로써 다이너마이트가 발명되었다. ★첫 글자 힌트 : 니○○○○○○

9. 지구온난화 등 장기간에 걸쳐서 지구의 날씨가 달라지고 있는 것을 가리키는 말

11. 적응하기 어려운 환경에서 느끼는 심리적, 신체적 긴장 상태
★예문 힌트 : 요즘 학원 때문에 ○○○○가 심하다.

13. 둘 이상의 것이 합쳐져 하나를 이룸

14. 태어난 새끼를 젖으로 양육하는 척추동물의 일종

1. 소독이나 연소에 쓰이는 화합물로, 전기나 가스 없이 가열하는 ○○○램프는 실험실에서 주로 볼 수 있다.

2. 몹시 세찬 바람이 불면서 쏟아지는 큰비를 가리키는 말
★첫 글자 힌트 : 폭○○

4. 핸드폰에 컴퓨터의 기능을 더해 만들어진 ○○○폰은 현대인들의 필수품이다.

6. 안경에 자외선을 차단하는 기능을 더한 것으로, 1930년대에 미 육군 조종사들의 눈을 보호하기 위해 발명되었다.

7. 축에 장치한 날개를 회전시켜 바람을 일으키는 기계로, 최초의 ○○○은 커다란 부채에 시계추를 더해 부채가 자동으로 돌아가도록 만든 것이었다. (오늘날 흔히 사용하는 전기 ○○○은 발명왕 토머스 에디슨이 개발한 것이다.)

10. 두 종류 이상의 화학원소가 결합하여 만들어진 물질

12. 다이너마이트를 만든 발명가가 태어난 나라

23

두 가지 이상의 물건과 물건을 더하고, 방법과 방법을 더하면 더 편리한 발명품을 만들어낼 수 있어요. 이 기법은 발명활동에서 가장 많이 사용하는 방법으로서, 이 방법으로 성공한 발명품이 무수히 많답니다.

1. 무엇과 무엇을 더할 수 있을까? 더할 수 있는 것끼리 연결해보자.

연필	인터넷
핸드폰	멜로디
포크	지우개
엽서	스푼
훌라후프	카운터(숫자를 세는 것)

2. 위의 것들을 더하면 어떤 발명품이 만들어질까? 하나씩 적어보자.

____

____

3. 주변의 물건을 관찰하고,

두 가지를 더하여 만들 수 있는

새로운 발명 아이디어를 떠올려보자!

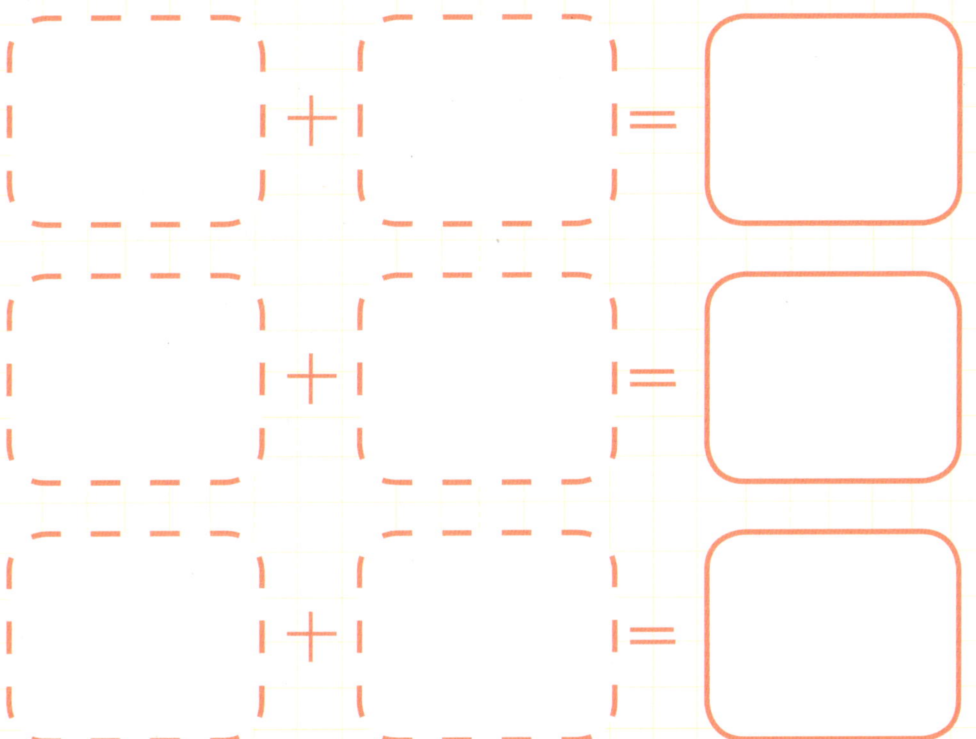

축하해요! 여러분도 이제 초보 발명가를
향한 첫걸음을 내디뎠어요! 그럼 다음 여
행지로 떠나볼까요?

제임스 듀어와
보온병의 발명

— 제2장 —

발명십계명 제2계율

빼라!

INVENTION WOR

1892년, 스코틀랜드

한그린과 판트리올은 이번에는 사람이 거의 없고 안갯속에 가로등만 희미하게 빛나는 밤거리에 이르렀어요. 하얀 입김이 나오는 걸 보니 겨울인 것 같았어요.

28

판트리올이 지도 같은 무엇인가를 읽고 있는데 한그린이 오들오들 떨면서 판트리올의 팔짱을 꼈어요. 판트리올은 귀찮은 표정을 지으면서도 한그린의 팔을 뿌리치지는 않고 말했어요.

"여긴 1892년 한겨울의 스코틀랜드!"

"진짜 너무 춥다."

한그린이 힘을 주어 판트리올의 팔에 더 세게 매달렸어요.

"춥더라도 그렇게 달라붙진 말아!"

판트리올이 말했어요.

"빨리 문제를 해결하고 다른 곳으로 가야겠다."

한그린이 볼멘소리를 했어요.

"추운 걸 어떡해."

이때 뒤에서 갑자기 무엇인가 쨍 그랑, 하고 깨지는 소리가 났어요.

판트리올과 한그린이 돌아보자 한 남자가 서 있고, 그의 발 근처에는 깨 진 유리병에서 흘러나온 물이 흥건했 어요. 남자가 말했어요.

"또 실패야. 추운 바깥에서도 따뜻한 액체가 식지 않게 하는 방법이 없을까? 어떻게 해야 온도에 영향을 받지 않게 만들지?"

한그린이 판트리올에게 물었어요.

"저 사람은 누구야?"

"보온병을 발명한 제임스 듀어 같아."

"이렇게 추운 날씨에도 따뜻한 물을 마실 수 있는 보온병 말이야?"

두 사람 눈앞에 듀어의 실험실 정경이 펼쳐졌어요. 듀어는 심각한 얼굴로 두 겹으로 된 플라스크를 뚫어져라 보다가 갑자기 환호성을 질렀어요.

"해냈다! 답은 바로 공기였어, 공기!"

판트리올이 한그린에게 말했어요.

"듀어는 여러 번 실패를 거듭한 끝에 마침내 보온병을 만드는 데 성공했어. 비밀의 열쇠는 바로 공기였어. 두 겹으로 된 병 사이에 있는 공기를 빼서 열이 전달되는 걸 막은 것이지. 그러면 내부 용기의 액체 온도는 보존되고 외부 용기 표면의 온도는 전달되지 않으니까."

판트리올은 발명십계명을 한그린에게 보여주며 물었어요.

"자, 한그린. 듀어의 보온병 발명은 어디에 해당하지?"

"공기를 빼서 열이 전달되는 것을 막았으니까, '빼기'의 원리!"

"와! 발명십계명을 다 기억하고 있단 말이야?"

"그럼. 아빠가 하루도 안 거르고 말씀하셔서 몽땅 외우고 있지. 더하라, 빼라, 아이디어를 빌려라, 용도를 바꿔라, 크기를 바꿔라, 반대로 하라, 모양을 바꿔라, 재료를 바꿔라, 폐품을 활용하라, 불가능은 버려라."

판트리올이 감탄하며 한마디 했어요.

"대단하다. 훌륭해. 그런데 그 좋은 머리를 발명하는 데 써보는 건 어떨까."

"안 그래도 그럴 참이야. 우선 공부 좀 해두고. 이제 겨우 두 번째 원리까지 체험해봤을 뿐이니 세 번째 원리를 보러 가자고!"

"너, 정말 발명십계명 열 가지를 모두 볼 셈이야? 좋아, 나도 함께 간다!"

빼기의 원리로 만들어진 보온병

제임스 듀어
James Dewar
(1842년~1923년)

영국 스코틀랜드의 화학자이
자 물리학자입니다. 추운 겨
울, 우리가 유용하게 사용하
는 보온병을 발명한 사람이
지요.

보온병만 있으면 몹시 추운 날에도 어디서든 손쉽게 따
뜻한 물을 마실 수 있지요. 오늘날 보온병은 흔한 일상용품
이지만, 19세기만 해도 대단한 발명품이었답니다.

보온병은 1892년 스코틀랜드의 저온과학자 제임스 듀
어가 발명했어요. 저온과학자는 말 그대로 낮은 온도에서
여러 가지 물질을 연구하는 사람인데, 듀어는 어떻게 하면
산소나 수소 같은 기체를 액체 상태로 만들어 보관할 수 있
을까를 골똘히 연구했어요.

어떤 물질을 액체로 만들기 위해서는 낮은 온도를 유지
해야 했지요. 듀어는 실험을 거듭하다가 플라스크에 다른
플라스크를 넣고 플라스크 사이의 공기를 빼서 진공 상태
로 만들었어요. 온도가 다른 물질에 전달되는 것을 열전두
라고 하는데, 진공 상태 때문에 한 플라스크와 다른 플라스
크 사이에는 열전도가 일어나지 않아 뜨거우면 뜨거운 대
로 차가우면 차가운 대로 유지되는 최초의 플라스크 보온
병이 탄생한 것이에요. 발명십계명 둘, '빼기'의 원리라고

할 수 있어요.

얼음집인 이글루에 사는 에스키모들은 얼음에 반사된 자기 체온 때문에 그다지 춥지 않게 지낼 수 있죠. 이렇게 반사되는 열을 복사열이라고 해요. 보온병 속은 거울처럼 생겼는데, 바깥 온도가 높을 때 바깥에서 들어오는 복사열을 반사하고 바깥 온도가 낮을 때는 보온병 안에서 나오는 복사열을 안쪽으로 반사해 병 안의 온도를 일정하게 유지시켜 주어요.

두 겹으로 된 병 사이에 공기를 빼서 열전도를 막고, 거울 처리로 복사열을 조절할 수 있도록 만든 성능 좋은 보온병이 요즘 우리가 쓰는 보온병인 것이지요.

실험실에서 쓰던 보온병을 가정용으로 널리 보급한 사람은 듀어의 실험실에서 일하던 라인홀트 부르거라는 사람이에요. 이후 극지 탐험가들이 쓰기 시작하면서 보온병은 대중화되었어요. 미국의 발명가 윌리엄 스탠리는 스테인리스 보온병을 만들어 전쟁터의 군인들이 따뜻한 커피나 음식을 먹을 수 있게 한 것으로 유명하고요.

보온병에서 시작된 과학의 원리는 냉각 기술에 대한 연구를 점점 발전시켜 마침내 냉장고 만드는 기술에까지 이르렀어요. 또한 로켓을 쏘아 올리는 데도 쓰였는데, 미국이 새턴호를 발사할 때 로켓 연료의 온도를 조절하는 데 응용했답니다.

이글루는
이렇게 생겼어요!

얼음집 안에는 에스키모인들이 살아요. 이글루의 안은 복사열 때문에 보기와는 달리 굉장히 따뜻하답니다. 보온병과 같은 원리예요.

보온병은 전쟁 중의 군인들이 따뜻한 음식을 먹을 수 있게 해주었어요.

FUN FUN 크로스퍼즐 타임

*친구들과, 가족들과 함께 풀어보고 모르는 것은 선생님께 물어보도록 해요!

발명십계명 QUIZ

다음 중 '빼기'의 원리로 만들어진 발명품이 아닌 것은?

(1) 필름 없는 카메라   (2) 거꾸로 가는 시계   (3) 무선 전화기

(4) 무가당 주스   (5) 날개 없는 선풍기

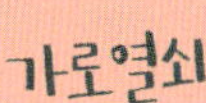

1. 보온병을 발명한 사람 이름

4. 물이나 밥 등의 온도를 거의 일정하게 장시간 유지할 수 있는 단열용기

6. 바늘과 실로 만들어 내는 연속된 바늘땀으로 두 장의 천을 짜 맞추는 데 사용하는 기계

7. 능력이나 책임 따위가 더 이상 미치지 못하는 막다른 지점

　★예문 힌트 : 그는 열심히 노력했지만 ○○○에 이르렀다.

8. 18세기 후반 영국의 J. M. 샌드위치 백작이 발명했다고 알려진 음식으로, 빵과 빵 사이에 속재료를 넣어 만든다.

11. 방출된 전자기파가 물체에 흡수되어 그 물체를 뜨겁게 만드는 열

　★예문 힌트 : 얼음에 반사되는 자기 체온의 ○○○ 때문에 에스키모들은 별로 춥지 않게 느낀다.

13. 위생이나 절연 등의 이유로 고무로 만든 장갑

14. 사물의 근원이 되는 곳.　★첫 글자 힌트 : 근○○

15. 제임스 듀어가 발명한 보온병을 가정용으로 널리 보급한 사람 이름

　★첫 글자 힌트 : 라○○○ ○○○

2. 영국의 그레이트브리튼 북부에 있는 지방. 영국을 구성하는 연합왕국 중 하나

　★첫 글자 힌트 : 스○○○○

3. 어린아이를 대접하거나 격식을 갖춰 이르는 말

5. 눈금이 새겨진 관 속에 물질이 들어있어 온도를 측정하는 기구

9. 이를 전문으로 치료하는 의학의 분과

10. '갔다가 돌아옴'이라는 뜻의 한자어

　★예문 힌트 : 미래에는 ○○우주선으로 화성에 다녀올 수 있을 것이다.

12. 아프리카 등지의 날씨가 늘 무더운 지방

13. 영장류 중 가장 몸집이 큰 종류로, 아프리카 숲 속에서 산다.

14. 어떤 일이나 의논, 의견에 그 근본이 됨. 또는 그런 까닭

물건의 어느 부분을 빼서 더 편리하고 좋아지는 발명품도 매우 많아요. 하나의 기능을 없앰으로써 더욱더 편리한 발명품을 만들 수 있어요.

1. 빼기 기법으로 만들어진 발명품을 우리 주변에서 찾아보자!

(주스) − (설탕) = 무가당 주스

( ) − ( ) =

( ) − ( ) =

( ) − ( ) =

( ) − ( ) =

2. 주변의 물건을 관찰하고,

   빼기의 원리로 만들 수 있는

   새로운 발명 아이디어를 떠올려보자!

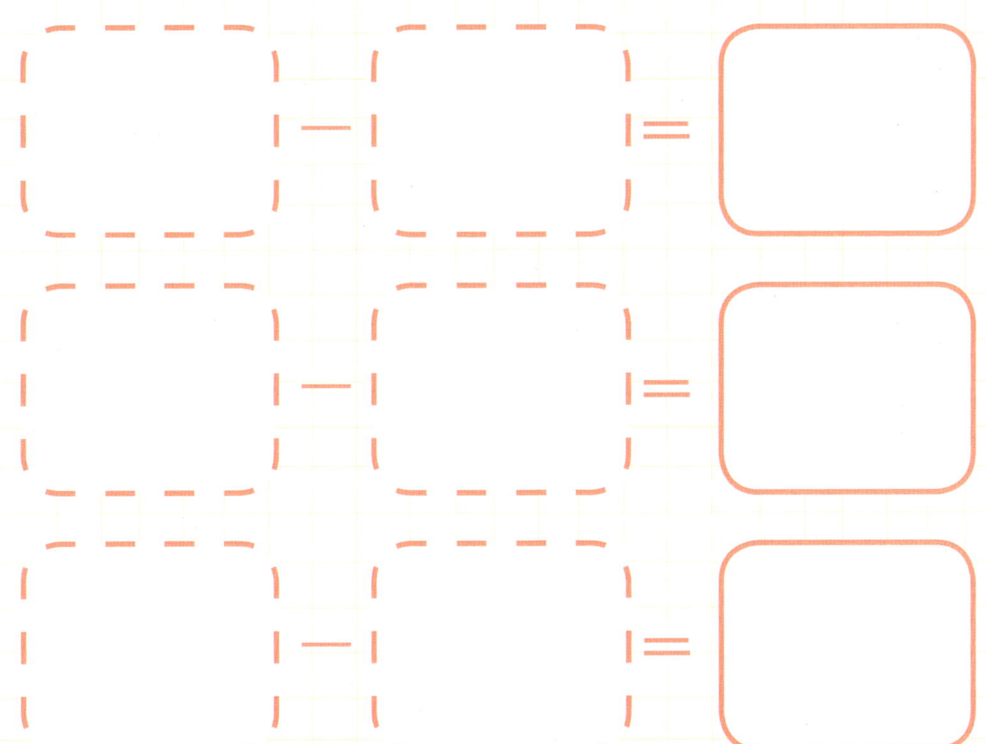

지금까지 발명십계명의 두 번째 계율을
배웠습니다. 다음번에는 어떤 내용이 펼
쳐질까요?

1863
4
1892
Safety Razor
1947
016
5
킹 질레트와
안전면도기의 탄생

— 제3장 —

발명십계명 제3계율

아이디어를
빌려라!

INVENTION WORLD
1895 BOSTON
INVENTION

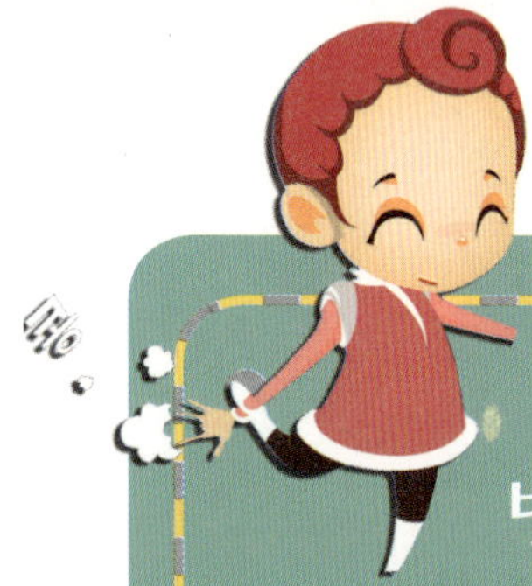

발명 시간여행 그 세 번째

1895년, 미국

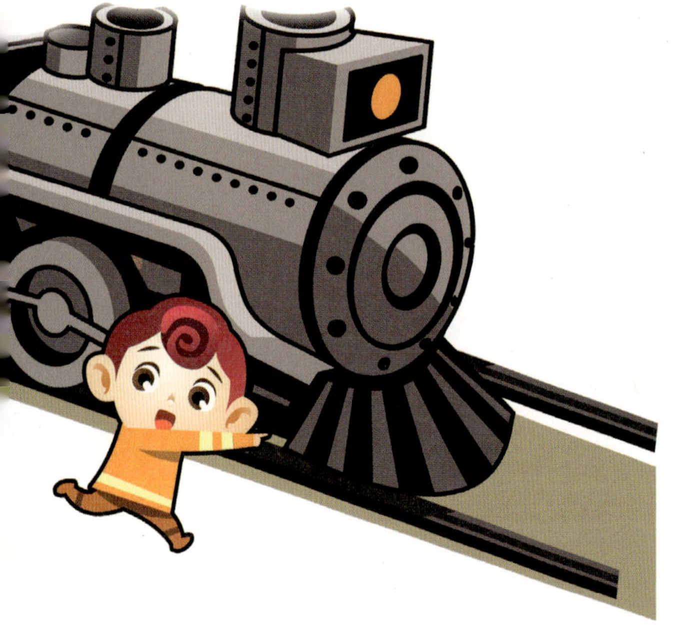

한그린은 어느새 사람이 아주 많은 기차역으로 달려와 서 있었어요. 이윽고 판트리올이 숨을 헐떡거리며 도착했어요.

한그린이 말했어요.

"사람이 굉장히 많아!"

"사람 많으니까 그렇게 뛰지 마. 잘못하면 넘어져서 큰 사고 난단 말이야!"

한그린은 판트리올의 말에 아랑곳하지 않고 계속 기차역을 뛰어다녔어요. 인파를 피해 요리조리 잘도 빠져나가던 한그린은 갑자기 뛰쳐나오는 남자를 보고 놀라서 피하려다 그만 넘어지고 말았어요.

판트리올은 황급히 한그린을 일으켰어요. 그런데 바닥에 핏방울이 떨어져

있는 것이었어요.

한그린은 피를 보고 비명을 질렀어요. 판트리올도 놀라서 한그린의 몸을 여기저기 살폈어요.

"내가 조심하라고 그랬지! 어디 좀 봐, 어디서 피가 나지?"

한그린도 판트리올도 다친 곳은 없었어요. 한그린과 부딪친 남자가 뒤도 안 돌아보고 허둥지둥 달려가서 겨우 기차를 타는 모습이 보였어요. 옷차림은 엉망진창이고 면도는 하다 만 상태인 데다 턱에 난 상처를 손수건으로 감싸고 있었어요.

한그린이 말했어요.

"저 아저씨가 흘린 피인가 봐. 면도하다 베인 모양이야.

"어디 보자……. 여기는 1895년 미국 보스턴. 저 사람은 기차를 놓칠까 봐

급히 면도하다 턱을 베이고 만 킹 질레트야."

판트리올이 말하고 나자 두 사람 앞에 이발소의 정경이 펼쳐졌어요.

킹 질레트는 앉아 있고, 이발사는 머리를 깎아주고 있었어요.

"면도칼은 날카로워서 위험하니 급하다고 면도를 너무 서두르시면 베이기에 십상이죠."

"기차를 놓칠까 봐 그만……."

질레트는 이발하면서 곰곰이 생각했어요.

'더 안전한 면도기를 만들 수는 없을까?'

질레트는 거울로 이발사가 자신의 머리를 깎는 모습을 물끄러미 바라보고 있었어요. 이발사는 빗으로 머리칼을 빗어 올린 다음 빗 틈으로 삐져나온 머리칼을 가위로 잘라내길 거듭했어요.

어느 순간 질레트의 눈이 반짝 빛났어요.

'머리칼과 두피 사이에 빗을 끼워 넣는 것처럼 수염과 살갗 사이에 무엇인가 있으면 베이지 않을 거야.'

장면이 바뀌어 이번엔 질레트의 방이 보였어요. 질레트는 궁리와 실험을 거

듭해 드디어 완성한 안전면도기로 면도를 해보고 있었어요. 그가 턱을 쓰윽 만져보고는 말했어요.

"성공! 베인 곳 하나 없이 깔끔한 면도에 성공했어!"

판트리올이 말했어요.

"질레트는 이발하는 모습을 보고 아이디어를 빌려 안전면도기를 만들었어. 그리고 자기 이름을 딴 회사를 세워서 크게 성공하고 안전면도기의 대명사가 됐지. 안전면도기는 지금도 널리 쓰이고 있어."

한그린이 말했어요.

"아빠는, 아이디어를 빌리든 창조하든 간에 항상 주변을 잘 관찰하라고 말씀하셨어."

"맞아. 발명은 생활에서 시작되는 거니까."

한그린이 판트리올을 빤히 보며 말했어요.

"우리 아빠는 수염을 기르시니까 면도할 필요가 없고……. 판트리올은 면도해? 남자라면 누구나 면도하는 거 아닌가."

수염은커녕 솜털만 있는 앳된 얼굴의 판트리올은 갑자기 할 말이 없어져 대꾸하지 않고 고개를 돌렸어요. 한그린이 대답을 졸랐어요.

"해, 안 해?"

"시끄러워! 다음 발명이나 빨리 보러 가자고."

안전한 면도기의 탄생

킹 캠프 질레트
King Camp Gillette
(1855년~1932년)

질레트는 21살부터 30년이 넘는 시간 동안 외판원으로 생계를 유지했어요. 고단한 현실 가운데서도 틈만 나면 새로운 도구의 발명에 골몰했지요. 결국, 마흔 살이 되던 해 질레트 안전면도기를 개발하는 데 성공했답니다!

아주 오랜 옛날 사람들은 수염을 깎을 수 있는 적당한 도구가 없어서 조개껍데기 같은 것을 썼지만 영 신통치가 않았어요. 인류가 쇠를 다룰 줄 알게 되고부터는 날카로운 칼날을 썼지만 살을 베일 염려가 있었지요.

18세기가 되어서야 프랑스의 페레라는 사람이 칼날에 나무 조각을 대어 피부를 보호할 수 있도록 했고, 19세기에는 보기에도 위험해 보이는 수직의 칼날을 구부린 개량 면도기가 독일에서 만들어졌어요. 그중에서 가장 널리 쓰인 것이 '스타' 면도기였는데, 이번 발명 이야기의 주인공인 킹 질레트라는 사람이 즐겨 쓰는 면도기였어요.

세일즈맨이었던 질레트는 출장길에 기차를 놓칠까 봐 급하게 면도하다가 그만 턱을 베이고 말았어요. 질레트는 살을 베일 염려가 없는 더 완벽한 면도기가 아쉬웠어요. 정식으로 기술을 배운 적은 없지만 무엇인가 뜯어보고 만들어보는 게 취미였던 질레트는 더 안전한 면도기를 만들겠다고 결심했어요.

밤을 지새워가며 발명에 몰두하던 어느 날, 질레트는 이발소에서 머리칼을 자르다 아이디어가 떠올라 무릎을 탁 쳤어요. 이발사가 머리칼에 빗을 끼우고 가위질을 하니 빗 사이로 빠져나온 머리칼만 잘려나가는 것이었어요. 칼날을 얇은 철판 사이에 끼워 수염만 칼날에 닿도록 하는 면도기를 생각해낸 거예요. 더 좋은 것을 만들어내기 위해 이전의 아이디어를 창의적으로 응용해 발전시키는 네 번째 발명십계명, '아이디어를 빌려라'인 것이지요.

질레트는 또한 면도날만 바꿔 낄 수 있게 하면 사람들이 더 안전하고도 저렴한 비용으로 면도할 수 있을 것이라는 생각도 했어요. 궁리를 거듭한 끝에 질레트의 면도기는 성능이 점점 개선되어, 묵직해서 안정감 있는 손잡이와 휘어지는 T자 모양의 양날을 갖춘 면도기가 완성되었어요. 질레트의 안전면도기는 1901년 특허를 따냈고 질레트가 48세가 되던 1903년 본격적으로 판매되기 시작해 날개 돋친 듯이 팔려나갔어요. 1928년에는 미국의 군인이었던 제이콥 시크가 전기면도기의 특허를 취득했답니다.

질레트가 발명했던
안전면도기

질레트가 처음 발명해낸 면도기에요. 빗에 칼날을 붙인 모양입니다. 질레트는 아이디어를 상품화시키는 데 무려 6년이라는 시간이 걸렸다고 해요. 유익한 발명은 지금 우리가 느끼는 불편함에서 탄생하기 마련입니다. 지금부터라도 오늘 하루 생활하면서 불편했던 것들을 노트에 적어보는 건 어떨까요? 거기서 좋은 아이디어가 탄생할지도 모르잖아요!

유레카!
이발소에서 영감을 얻어 탄생한 면도기

*친구들과, 가족들과 함께 풀어보고 모르는 것은 선생님께 물어보도록 해요!

발명십계명 QUIZ

일본의 어느 회사 사장은 쥐틀 안에 먹이를 넣어두고 쥐를 잡는다는 이야기를 듣고, 같은 원리로 바퀴벌레를 잡는 틀을 만들었어요. 이 발명은 발명의 어떤 원리를 이용한 것일까요?

(1) 더하기   (2) 아이디어 빌리기   (3) 재활용하기

(4) 크기 바꾸기   (5) 모양 바꾸기

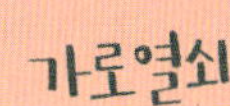

1. 안전하게 쓸 수 있는 면도기

5. 위도의 기준이 되는 선으로 지구의 남북 양극에서 같은 거리의 표면을 이은 선

7. 사물이 가진 고유의 특성 또는 사람이 지닌 마음의 본바탕

  ★끝 글자 힌트 : ○질

8. 새나 곤충의 몸 양쪽에 붙어 나는 데 쓰는 기관

10. 낚싯바늘에 꿰는 물고기의 먹이로, 대개 지렁이, 밥알 따위를 사용한다.

11. 체조, 유도 등의 운동경기에서 위험을 방지하기 위해 바닥에 까는 것

13. 어떤 일이나 물건에 대한 구상 또는 착상

  ★예문 힌트 : 그는 ○○○○가 정말 많은 사람이다.

17. 최초로 전기면도기를 발명한 사람

19. 면도날에 나무 조각을 대어 살이 베이지 않도록 한 사람

1. 공장 · 작업장 또는 운동 경기 따위에서, 머리를 다치는 것을 막기 위하여 발명된 단단한 모자

2. 면도기에 달린 수염을 깎는 칼날

3. 옛날 기차나 배에서 증기를 내뿜어 경적 소리를 내는 장치 또는 그 소리

  ★예문 힌트 : 기차가 ○○소리를 울리며 출발했다.

4. 안전면도기를 발명한 사람 이름

6. 서양 골패의 하나로, 패 하나를 쓰러뜨리면 뒤에 선 패들이 연이어 쓰러진다.

9. 토지나 천연자원 따위를 유용하게 만드는 일

12. 회전 날개가 달려 있어서 수직으로 날아오를 수 있는 항공기

14. 머리칼을 손질하거나 수염을 깎아주는 사람

  ★예문 힌트 : ○○○가 머리칼을 빗에 끼우고 가위질을 하는 모습을 보고 질레트는 안전면도기를 구상했다.

15. 형과 아우를 아울러 이르는 말

16. 글씨를 쓰거나 인쇄하는 데 쓰는, 빛깔 있는 액체

18. 솜이나 털 따위의 섬유를 자아서 실을 만드는 간단한 재래식 기구

47

기존의 발명을 달리 바라보고 응용함으로써 기존 발명품보다 모양과 성능이 좋거나, 더욱 가볍거나, 크기를 작게 해서 가지고 다니기 쉬운 새로운 발명품을 만들 수 있어요.

1. 기존 발명품에 다음 아이디어를 빌려서 어떤 발명품이 만들어졌을지 생각해보자!

기존 발명품	빌린 아이디어	새로운 발명품
미끄럼 방지 고무패드	고무패드를 붙이면 미끄러지지 않는다.	
파리 잡는 끈끈이	끈끈한 접착 물질을 이용해 벌레를 잡는다.	
우표	풀을 미리 발라놓으면 봉투에 붙이기 좋다.	

2. 기존 발명품을 응용하여 만들 수 있는
발명품으로는 어떤 것이 있을까?
주변의 물건을 관찰하고 발명 아이디어를 생각해보자!

관찰한 물건

새로운 발명 아이디어

흥미진진한 발명 시간여행과 발명십계명 공부는 계속됩니다. 다음 장으로 떠나보아요!

1863
4
1892
Microwave oven
PATENT
특허권
5
퍼시 스펜서와
전자레인지 이야기

— 제4장 —

발명십계명 제4계율

용도를 바꿔라!

INVENTION WORL

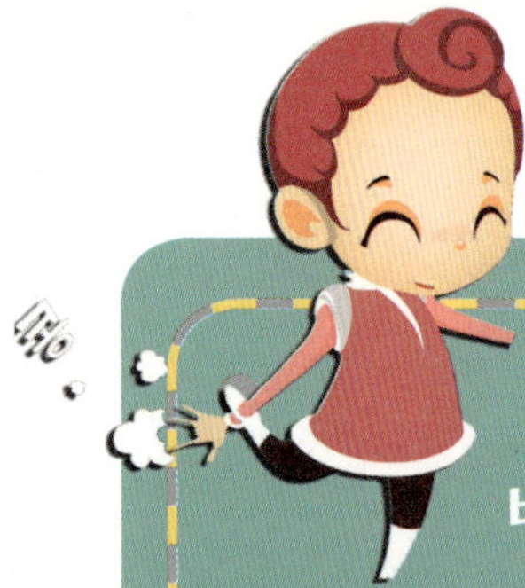

발명 시간여행 그 네 번째

1947년, 미국

어느 한적한 거리. 오가는 사람들은 모두 느긋하게 산책을 즐겼지만 한그린만 유난히 폴짝폴짝 여기저기 뛰어다녔어요. 판트리올은 한그린이 너무 어린애 같아 한숨을 쉬며 쫓아다녔어요.

한그린은 어느 건물 앞에 멈춰 섰어요. 그런데 위층에서 갑자기 무엇인가 하얀 눈송이 같은 것이 쏟아져 내렸어요.

"하늘에서 하얀 꽃송이가 내리네! 정말 예쁘다! 어라, 이건 또 뭐지?"

한그린은 두 팔을 벌려 하얀 송이들을 맞다가 그게 팝콘이라는 것을 알았어요. 한그린은 입을 벌려 하나를 받아 먹어보았어요.

"판트리올, 하늘에서 팝콘이 내려!"

"팝콘이라고?"

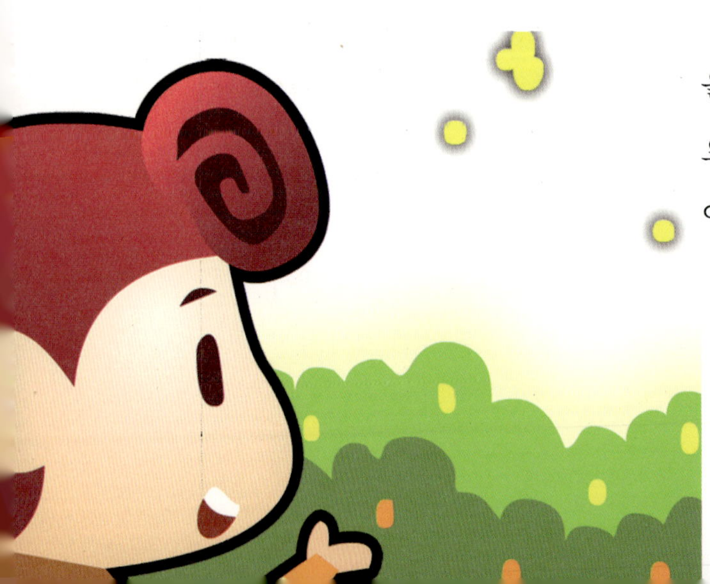

판트리올이 어리둥절해 하는 사이 건물 위층에 한 남자가 나타나 아래쪽을 내려다보았어요. 그가 말했어요.

"밑에 사람이 있었네? 미안해요."

한그린이 위층을 향해 손을 흔들며 말했어요.

"괜찮아요. 팝콘 잘 먹겠습니다!"

"그건 레이더로 만든 팝콘이랍니다."

한그린은 두 손에 가득 받은 팝콘을 먹어보라고 판트리올에게 내밀었어요. 판트리올은 고개를 가만히 젓고는 말했어요.

"아, 저 사람은 미국의 발명가 퍼시 스펜서야. 1947년 무기 만드는 회사에서 레이더를 연구하고 있었어."

"이건 팝콘인데? 레이더랑 팝콘이 무슨 상관이 있는 거야?"

그러자 퍼시 스펜서의 연구실이 눈앞에 펼쳐졌어요. 스펜서는 시장한지 주머니에 든 초콜릿 바를 꺼냈어요. 그런데 초콜릿은 흐물흐물하게 녹아버린 상

태웠어요.

'이상하다. 초콜릿이 녹을 이유가 없는데.'

스펜서는 조사를 거듭하다가 레이더 전파를 만들어내는 연구실 장비 때문에 초콜릿이 녹아버렸다는 사실을 알게 되었어요.

판트리올이 말했어요.

"레이더에 쓰이는 극초단파를 만들어내는 기계가 빠른 시간에 열을 발생시켜 옥수수를 팝콘으로 만들고 달걀을 익힌다는 사실을 발견한 거야. 무기를 연구하다가 전자레인지라는 요리 기구를 만들어낸 셈이지."

"아하! 용도를 바꾸는 발명이네!"

"그래 맞아, 발명십계명 중 하나지. 전자레인지 덕분에 아침에 학교 가기 전에 우유를 데워 마시고, 밤에 생각나면 금세 코코아를 마실 수 있는 거지."

한그린이 말했어요.

"판트리올도 나랑 코코아 마실래?"

"팝콘, 코코아……. 그런 애 같은 것들은 됐어."

"쳇, 그래, 나는 아직 애다!"

한그린은 판트리올에게 혀를 쏙 내밀어 놀리고는 어딘가를 향해 뛰기 시작했어요. 그 모습을 본 판트리올이 소리쳤어요.

"또 넘어진다! 조심해!"

무기 연구가와 전자레인지

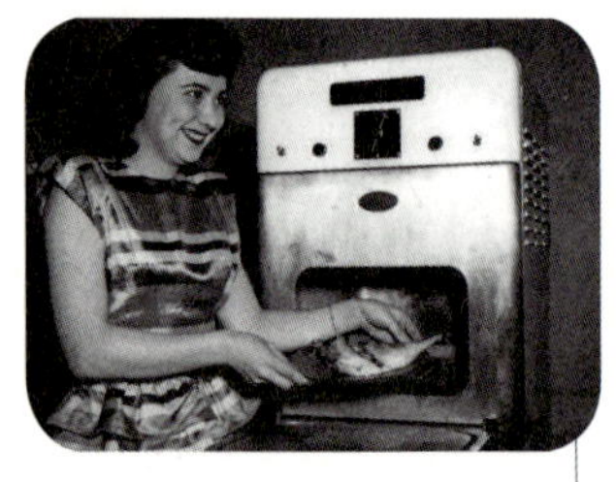

세계 최초의
전자레인지

1947년 레이시온에서 출시한 세계 최초의 전자레인지. 무게가 무려 340kg이 넘는 거대한 기계였답니다.

미국의 발명가 퍼시 스펜서는 발명 전문가라기보다는 무기 만드는 회사의 연구원이었어요. 일찌감치 부모님을 여읜 스펜서는 가난 때문에 초등학교를 중퇴하고 열두 살 때 철공소에 취직했어요.

스펜서는 타이타닉호가 침몰할 때 무전 구조 신호가 승객들을 구조하는 데 큰 역할을 했다는 잡지 기사를 읽고 전파에 강한 관심을 갖게 되었어요. 그는 결국 무전 기술을 배우기 위해 해군에 들어갔고, 무기 회사에 입사해 레이더를 개발하는 부서의 최고 책임자가 되었어요.

레이더가 개발되기 전에는 군인들이 커다란 당나귀 귀 같은 걸 쓰고서 적군의 비행기 소리를 들으려 애를 썼어요. 2차 세계대전에서 연합군이 승리한 것은 레이더 덕택이라고 할 정도니까, 레이더가 얼마나 중요한 장비였는지 짐작할 수 있지요.

스펜서는 1945년 어느 날, 호주머니 속의 초콜릿이 녹아버린 것을 발견하고는 대체 무엇 때문에 그런 현상이 일어났는지 곰곰이 따져보면서 연구실을 샅샅이 조사했어요. 연구실 장비를 하나하나 살펴보던 그는 마침내 레이더 전파를 만들어내는 마그네트론이라는 기계가 초콜릿을 녹였다는 것을 알게 되었어요.

마그네트론에서 나오는 고주파가 분자의 강력한 진동을 일으키고 열을 발생시켜 옥수수 알맹이를 팝콘으로 만들고 달걀을 터뜨린 것이었어요. 발명십계명 넷, '용도를 바꿔라'에 딱 들어맞는 발명이었지요.

스펜서는 자신이 만든 전자레인지에 '레이더 레인지'라는 이름을 붙여 1945년에 특허를 얻어냈고 1947년에 완성품을 선보였어요.

하지만 처음 나온 전자레인지는 높이가 웬만한 어른 키만 하고 무게는 340kg이 넘는 거대한 쇳덩어리였지요. 오늘날 볼 수 있는 것과 비슷한 가정용 전자레인지는 1952년에 비로소 보급되기 시작했어요.

퍼시 스펜서
Percy Spencer
(1894년~1970년)

초등학교도 졸업하지 못했지만 그는 세계에서 가장 성공한 전기 엔지니어가 되었습니다. 그의 동료들은 모두 박사학위를 받은 뛰어난 과학자들이었죠. 그들처럼 정규교육을 받지는 못했지만, 그 덕분에 오히려 그는 뛰어난 독창성과 사물에 대한 심오한 지식을 갖출 수 있었습니다. 어린아이같이 순진한 마음으로 사물을 바라보았기 때문이에요. 그는 평생 225개의 특허를 획득했고, 사람들은 그를 '살아 있는 지식 전도사'로 불렀습니다.

*스무고개의 힌트를 다 읽고 질문에 답해보아요!

1 전기로 가동된다.

2 집집이 부엌에 있는 물건.

3 사람 눈에 보이지 않는 극초단파를 이용한다.

4 대개 타이머가 장착되어 있다.

5 불 없이 음식을 데울 수 있는 도구이다.

6 도자기나 유리 등 전자파를 통과시킬 수 있는 용기만 사용해야 한다.

7 복사열로 조리하는 기능과 공기를 데워 조리하는 기능 등을 제공한다.

8 주로 가정용으로 쓰이지만 화학실험용으로 사용되기도 한다.

9 조리시간이 줄고, 음식이 골고루 데워지는 장점이 있다.

10 비타민이 물에 녹아 흘러나가는 것을 방지할 수 있다.

11 날달걀을 '이것'에 그대로 돌리면 터진다.

12 퍼시 스펜서가 처음 발명했다.

13 발명의 기원이 초콜릿이 녹은 것과 관계가 있다.

14 발명십계명 중 용도 바꾸기 기법으로 발명되었다.

15 '이것'으로 퍼시 스펜서가 처음 만든 음식은 팝콘이었다.

16 1947년 군수기업 레이시온에서 최초로 출시하였다.

17 최초의 '이것'은 높이 약 1.8m에 무게는 340kg에 달했다.

18 지금과 같은 모양이 발명되어 보급되기 시작한 것은 1952년의 일이다.

19 우리나라에서는 삼성전자에서 1979년에 처음 판매되었다.

20 정확한 명칭은 마이크로웨이브 오븐이다.

답 : ________________________________

다음 중 용도 바꾸기 기법에 대한 설명으로 옳지 않은 것은?

(1) 먹는 종이, 화장품처럼 손에 바르는 장갑 등은 이 기법으로 발명한 것이다.

(2) 물건의 일부 또는 전체의 모양을 바꾸는 것이다.

(3) 이미 있는 물건이나 원리를 다른 곳에 응용하는 발명기법이다.

(4) 모든 물건이 꼭 정해진 용도로만 사용되는 것은 아니다.

(5) 매직테이프(찍찍이)를 이용해 만든 야구놀이 장난감은 이 기법으로 발명한 것이다.

지금 사용되고 있는 물건 대부분은 나름대로 용도를 가지고 있어요. 그러나 조금만 생각을 바꾸어 살펴보면 모든 물건에는 알려진 용도 이외에 또 다른 용도가 있다는 걸 알 수 있답니다.

1. 기존 발명품의 용도를 바꿔서 어떤 발명품이 만들어졌을지 생각해보자!

기존 발명품	바꾼 용도	새로운 발명품
온도계	기온뿐 아니라 체온(몸의 온도)도 잴 수 있게 했다.	
조명등	불빛을 이용해 살균을 할 수 있게 했다.	
텔레비전 리모컨	텔레비전 전원이 아니라 자동차의 시동을 켜고 끌 수 있게 했다.	

사물이나 현상을 주의하여 자세히 살펴보는 것이 바로 '관찰'이에요. 관찰을 통해 사물과 사건을 자세히 살펴보고 생각해보는 습관을 가지면 생각보다 쉽게 문제를 발견할 수 있어요.

2. 기존 발명품을 응용하여 만들 수 있는 발명품으로는 어떤 것이 있을까? 주변의 물건을 관찰하고 발명 아이디어를 생각해보자!

관찰한 물건

새로운 발명 아이디어

발명이 이렇게 쉽고 재미있을 줄은 몰랐지요? 다음 장에는 더 재미있는 발명기법이 기다리고 있답니다!

1863
4
1892
windmill
1947
2016
5
풍차와 발명 이야기

— 제5장 —

발명십계명 제5계율

크기를 바꿔라!

발명 시간여행 그 다섯 번째

1630년대, 네덜란드

판트리올과 한그린은 풍차가 돌아가고 튤립 꽃밭이 펼쳐진 경치 좋은 운하 둑에 나란히 앉았어요. 한그린은 소시지 반찬 등이 가득한 도시락을 맛있게 먹고 있었고, 판트리올은 그 옆에서 조용히 차를 마셨어요.

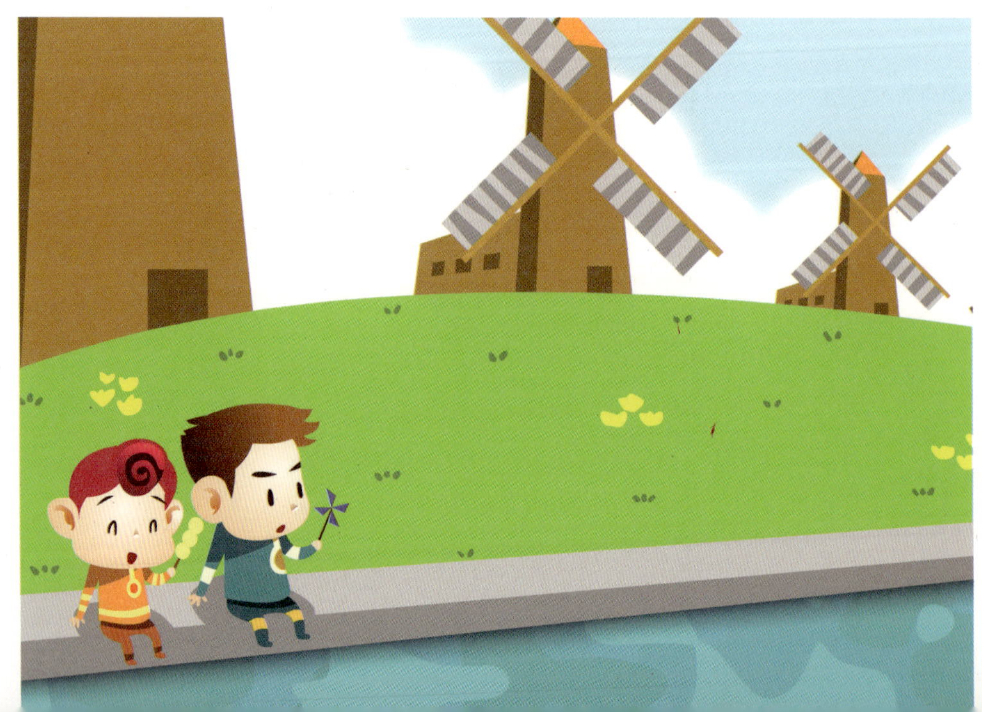

두 사람 주변에는 한그린이 가지고 논 것 같은 바람개비 따위가 놓여 있었어요. 한그린은 도시락을 먹다 말고 바람개비를 집어 들어 멀리 있는 풍차와 겹쳐 보이게 했어요.

한그린이 말했어요.

"둘이 똑같이 생겼어. 바람개비는 미니 풍차야!"

판트리올은 한그린에게 바람개비를 잠깐 달라고 해서 입으로 한 번 불어보고는 말했어요.

"먹는 데만 열중하는 줄 알았더니 알고는 있구나. 발명십계명 중 하나, '크기를 바꿔라.' 저 풍차는 바람개비와 똑같은 원리로 돌아가지만 크기가 훨씬 크지. 이 운하도 수원이 없는 곳에 물을 공급하고 수로를 개척하기 위해 만든 미니 강이라고 할 수 있어."

한그린은 진지해진 판트리올을 흘끔 보았어요.

판트리올이 계속 말했어요.

"발명은 인간이 가진 가장 귀중한 힘이야. 지금은 없지만 필요한 걸 만들어내고, 불편한 것을 고치고, 쓸모없는 것을 쓸모 있게 만들지."

"와! 우리 아빠랑 말투가 똑같아!"

"쓸데없는 소리 하지 말고 빨리 먹기나 해. 인간에게는 식물의 끈질긴 생명력이나 동물의 두꺼운 가죽, 날카로운 이빨과 발톱, 본능이 없어. 대신 이성과 지혜가 있지.

그래서 인간은 자연을 모방해 필요한 걸 발명하고, 또 그 발명한 것을 더하고, 빼고, 용도를 바꾸고, 반대로 하고, 크기를 바꾸고, 재료를 바꾸면서 지금까지 계속 문명을 발전시켜왔어."

한그린이 덧붙였어요.

"부싯돌을 발명해서 불을 쓰고, 종이를 발명해서 기록을 남기고, 바퀴를 발명해서 이동 거리가 엄청나게 길어지고, 새로운 약과 치료법을 발명해서 수명이 늘어나고 말이야."

"그래, 맞아."

"콩과 감자와 옥수수로 기근을 이겨내고, 옥수수로 팝콘을 만들어내고……."

"다 좋은데 또 먹는 얘기야?"

판트리올이 깔깔대고 웃었어요.

"먹는 게 얼마나 중요한데. 풍차, 운하, 물레방아 같은 발명들은 모두 옛날 사람들이 먹고살기 위해 농사를 짓고 곡식을 갈고 빻기 위한 거였잖아."

판트리올이 놀랍다는 표정을 지으며 말했어요.

"우와! 내가 한 방 먹었는걸."

한그린이 목소리를 높여서 말했어요.

"배고픔은 발명의 어머니!"

"필요는 발명의 어머니 아닌가? 아무튼 하나를 배우면 두 개를 아는 한그린, 그만 집에 가는 게 어떨까."

"싫어. 아직 반밖에 구경 못 했는데."

"시간이동, 공간이동을 너무 많이 하면 나중에 한 박사님한테 혼나는 건 나란 말이야."

"아빠한테 내가 잘 이야기하면 되지, 뭐."

"난 모르겠다. 네가 알아서 해. 그럼 다음으로 넘어가자."

판트리올이 먼저 일어나서 옷을 털고 걸음을 옮기자 한그린이 허겁지겁 따라나섰어요.

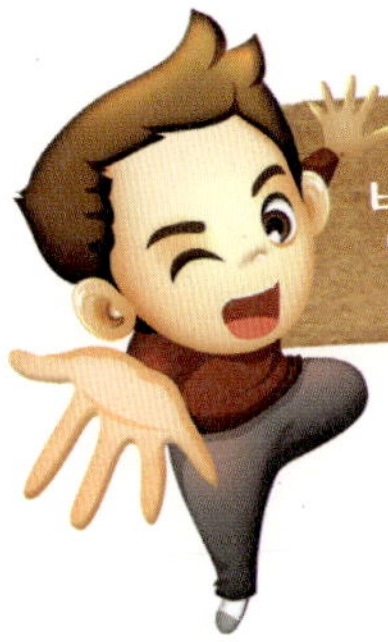

바람개비와 풍차

7세기경 만들어진
이란의 풍차

지금으로부터 무려 14세기 전에 만들어진 이 풍차는 아직도 돌아간다고 해요!

빙글빙글 돌아가는 바람개비는 원래 장난감이었지만, 이제는 전기를 만들어낼 정도로 힘이 세졌어요. 바람의 힘이 날개를 돌아가게 하고, 이 회전 에너지를 전기 에너지로 바꾸어주는 풍력발전이 바로 그것이에요.

인류는 기원전부터 돛 따위를 만들어 바람의 힘을 이용해 왔어요. 그리고 바람의 힘을 더욱 효율적으로 이용하기 위해 풍차를 만들었어요. 풍차는 7세기 무렵에 현재 이란이 있는 페르시아 제국의 어느 지역에서 처음 만들어졌다고 해요. 당시 풍차는 먹을거리를 만들기 위한 것이었어요. 음식에 쓸 곡식 가루를 빻기 위해 옛날 사람들은 손으로 맷돌을 돌렸는데, 이 맷돌과 풍차 또는 물의 힘을 이용한 물레방아를 결합해서 회전력을 이용해 곡식을 갈았다고 해요.

유럽에서는 대략 11세기 무렵부터, 중국을 비롯한 아시아에서는 13세기 무렵부터 풍차를 만들어 썼어요. 특히 땅이 바다보다 낮은 곳에 있어서 늘 물을 빼내지 않으면 안 되는 네덜란드 같은 곳에서 많이 쓰였어요.

이렇게 요긴한 풍차에도 문제점이 있었는데, 바람은 이리 불었다 저리 불었다 하기 때문에 바람을 최대한 이용하려면 바람 부는 방향에 따라 풍차를 움직이게 할 필요가 있었어요. 사람들은 풍차에 회전축을 다는 아이디어를 내서 문제를 해결했어요. 좌우로 돌아가는 막대를 바람개비에 달아서 바람개비 날개뿐 아니라 바람개비 자체도 돌아갈 수 있게 한 것이지요.

돈키호테가 풍차를 악당으로 착각해서 싸웠을 정도로 풍차는 크고 힘이 센 도구였지만, 현대에는 옛날만큼 많이 쓰이지 않아요. 하지만 풍력발전으로 더 큰 에너지를 만들어내고 있어요. 전기를 만드는 풍력 터빈은 1887년 스코틀랜드에서 처음 특허를 냈고, 미국의 발명가 찰스 브러시는 풍력발전기로 만든 전기를 처음으로 생활에 이용했어요. 바람개비가 풍차가 되고, 풍차가 풍력 터빈이 되고, 곡식을 갈고 목재를 자르는 데 쓰이다가 이제는 발전에까지 쓰이게 된 거예요. 발명십계명 다섯, '크기를 바꿔라'. 이제 알겠지요?

우리나라 최대의
풍력발전소는?

바로 대관령 풍력발전소입니다. 1972년 호미로 개간을 시작해 지금은 2천 헥타르의 어마어마한 규모에 이르렀어요. 이국적인 분위기를 띠고 있으며 많은 영화와 드라마의 촬영 장소로 활용되기도 했답니다.

찰스 브러시가 만든 최초의
전력 생산용 풍력발전기

*친구들과, 가족들과 함께 풀어보고 모르는 것은 선생님께 물어보도록 해요!

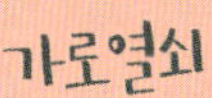

1. 바람에 날개가 돌도록 손에 쥐고 뛰어다니는 장난감

3. 바람의 힘을 기계적인 힘으로 바꾸는 장치. 오늘날에는 네덜란드 ○○가 많이 알려져 있다.

4. 스페인 소설가 세르반테스의 대표작. 스스로 영웅으로 착각한 주인공이 기사 수업에 나서 겪는 모험을 그린 소설 ★첫 글자 힌트 : 돈○○○

5. 여태 없던 기술이나 물건을 새로 생각하여 만들어 냄

6. 머리를 감은 뒤, 비누의 알칼리 성분을 중화시키고, 머리털에 윤기를 주기 위하여 사용하는 액체

7. 풍차와 튤립, 축구 국가대표팀의 오렌지색 유니폼으로 유명한 유럽의 나라

8. 물건에 빛깔을 물들이는 물질. 주로 미술 시간에 그림 그릴 때 사용한다.

9. 풍차, 물레방아 따위의 바퀴가 돌아감으로써 생기는 에너지

　★부분 말 힌트 : 회전○○○

12. 방아로 곡식을 찧거나 빻는 곳

1. 가운데가 잘록한 타원형의 몸통에 네 줄을 매어 활로 문질러서 소리를 내는 현악기

　★끝 글자 힌트 : ○○○린

2. 나무를 가로로 자른 면에 나타나는 둥근 테로 1년마다 하나씩 생김

3. 바람의 힘으로 전기를 만들어내는 현대의 발전 기술

7. 네 개의 모. 사각형이라고도 한다.

8. 바퀴가 물이 떨어지는 힘으로 돌면서 곡식을 빻는 기구

10. 말소리를 전파나 전류로 바꾸었다가 다시 말소리로 환원시켜 공간적으로 떨어져 있는 사람이 서로 이야기할 수 있게 만든 발명품

11. 지구를 본떠 만든 모형

13. 음식의 간을 맞추는 데 쓰는 짠맛이 나는 흑갈색 액체

나도 발명가

작은 것을 자꾸자꾸 크게, 큰 것을 자꾸자꾸 작게 생각하는 동안 뜻밖의 모양이 떠오를 수 있어요. 크게 만들면 어떨까, 작게 만들면 어떨까? 높게 하면 어떨까, 낮게 하면 어떨까? 등 기존의 제품을 어떻게 바꾸면 쓰기 편리해질지 생각해보아요.

1. 기존 발명품의 크기를 바꿔서 어떤 발명품이 만들어졌을지 생각해보자!

기존 발명품	크게? 작게?	새로운 발명품
물통	부피를 작게	
수족관	두께를 얇게	
컴퓨터	부피를 작게, 무게를 가볍게	

2. 기존 발명품의 크기를 바꿔 만들 수 있는 발명품으로는 어떤 것이 있을까?

주변의 물건을 관찰하고 발명 아이디어를 생각해보자!

관찰한 물건	새로운 발명 아이디어

벌써 발명십계명 중 다섯 번째 계율까지 배웠어요! 흥미진진한 발명원리 탐험을 계속해보아요.

1863
1892
1947
2016
4
penicillin
5
알렉산더 플레밍과
페니실린 이야기

— 제6장 —

발명십계명 제6계율

반대로 하라!

한그린과 판트리올은 눈 깜짝할 사이에 어느 큰 병원으로 이동했어요.

조금 옛날 풍의 환자복을 입은 수많은 환자들이 병원 안을 이리저리 오가고 있었어요.

한그린이 말했어요.

"사람들이 아주 아파 보여."

"병원이니까 당연한 거잖아."

판트리올이 약간 퉁명스럽게 대꾸했어요.

그때 병원 복도 저쪽에서 한 남자가 허겁지겁 뛰어오는 게 보였어요. 판트리올은 한그린이 또 넘어질까 봐 팔을 붙들어주었어요.

남자는 뛰어가면서 이렇게 말했어요.

"맙소사, 배양접시 정리하는 걸 깜빡 잊고 휴가를 다녀오다니! 몽땅 곰팡이가 슬어 못쓰게 되었을 거야!"

한그린이 말했어요.

"아빠도 가끔 저러시는데. 저 아저씨, 덜렁이인가 봐. 너도 가끔 저렇게 덜렁대기도 해?"

"아니, 전혀! 나는 저렇게 덜렁댄 적 없어. 그나저나 저 사람이 누군지 궁금하지 않아?"

판트리올이 말하자마자 어느 의학 연구실이 눈앞에 펼쳐졌어요.

시퍼런 곰팡이가 핀 배양접시들이 잔뜩 널려 있었어요. 남자는 몹시 초조한 표정으로 배양접시를 치우다가 어느 하나를 집어 들고는 유심히 살피는 것이었어요.

"뭘 하는 거지?"

"저건 그냥 곰팡이가 아니라 페니실륨 노타툼이라고 하는 푸른곰팡이야."

한그린이 뭔가 알았다는 듯한 눈빛으로 말했어요.

"그럼 페니실린!"

"그래, 저 사람은 바로 페니실린을 발명한 알렉산더 플레밍이야. 플레밍은 배양접시의 푸른곰팡이가 핀 부분에만 세균이 증식하지 않는다는 사실을 발견했어. 그가 덜렁댄 탓에 배양접시에 푸른곰팡이가 피게 되었고 그게 페니실린을 발견하는 계기가 되었다고나 할까.

플레밍은 푸른곰팡이가 각종 감염병의 원인이 되는 바이러스를 퇴치한다는 것을 알아내고 마침내 페니실린을 발명한 거야."

판트리올과 한그린이 얘기를 나누는 사이, 두 사람 앞에 펼쳐진 병원 영상 속에서 환자들의 숫자가 눈에 띄게 줄어드는 광경이 보였어요.

"플레밍 아저씨의 발명으로 아픈 사람이 줄어들고 있는 거야?"

"그래. 페니실린은 최초의 항생제로 당시에 많은 사람들을 질병에서 구한 위대한 발명이야!"

"언뜻 생각하기에는 인간에게 해로울 것 같은 곰팡이를 이용해 반대로 우리 몸을 치료하는 페니실린을 발명하다니……. 플레밍 아저씨는 정말 대단한 사람이네."

"게다가 운이 좋은 사람이기도 하지. 어떤 것을 연구하다 우연히 다른 것을 발명했으니까! 이런 운명적인 발명을 '세렌디피티'라고 해."

"플레밍 아저씨에게 딱 어울리는 말이네."

"행운이라고 할 수도 있지만, 중요한 것은 우연한 현상도 지나치지 않고 유심히 관찰했다는 점이야. 모든 발명은 주의 깊게 관찰하고 창의력을 발휘함으로써 태어나는 거야."

한그린이 잠시 심술궂은 표정을 짓더니 이렇게 말했어요.

"그럼 아빠의 세렌디피티는 바로 너?"

판트리올의 얼굴이 새빨개질 새도 없이 한그린은 재빨리 다음 발명의 나라

로 줄행랑을 놓았어요.

알렉산더 플레밍의 페니실린

알렉산더 플레밍
Alexander Fleming
(1881년~1955년)

영국 스코틀랜드의 세균학자. 페니실린의 발견으로 노벨 생리·의학상을 수상했습니다.

1881년 스코틀랜드 시골에서 태어난 알렉산더 플레밍은 의사가 되어 런던에서 줄곧 사람들을 치료하고 세균 감염을 연구했어요.

플레밍은 1922년 감기에 걸렸는데도 불구하고 연구에 몰두하다가 그만 박테리아 배양접시에 콧물을 떨구고 말았어요. 그런데 며칠이 지나고 현미경을 들여다보니 콧물이 떨어진 자리에 박테리아가 번식하지 않는 거였어요. 이것이 바로 사람의 눈물이나 침 속에도 있고, 박테리아를 녹여버리는 물질인 리소짐의 발견이에요. 하지만 리소짐만으로는 여러 가지 감염병을 일으키는 세균을 퇴치할 수 없었어요.

1928년에 플레밍은 연구를 위해 대량의 포도상구균을 배양하고 있었어요. 그리고 배양기들을 그대로 둔 채 여름 휴가를 떠났답니다. 몇 주 후, 연구실로 돌아온 플레밍은 실험기구를 씻으려다가 배양접시에 또 신기한 일이 벌어지고 있는 것을 보게 되었어요. 배양접시 귀퉁이에 라틴어로 페니실륨 노타툼이라는 이름을 가진 푸른곰팡이가 자라고 있었는데, 현미경으로 들여다보니 이 곰팡이 주변에만 박테리아가 번식하지 않는 것이었어요. 플레밍은 리소짐을 발견했던 경험을 생각하며 이 현상을 집중적으로 파고드는 한편, 자신의 연구에 관심을 가진 세계 여러 나라의 학자들과 손잡고 연구를 거듭했어요. 그리고 마침내 인류를 이런저런 감염병으로부터 해방시킨 획기적인 치료약 페니실린을 만들어냈답니다.

이처럼 다른 것을 연구하다가 우연히 전혀 새로운 발명이나 발견을 하게 되는 것을 '세렌디피티 효과'라고 해요. 플레밍 스스로도 페니실린은 자연이 만든 것이며 자신은 그것을 우연히 발견했을 뿐이라고 말했지요. 하지만 우연은 준비된 사람에게만 찾아온다는 말도 있듯이 플레밍은 누구보다 열심히 연구했고, 여느 사람 같으면 실험을 망쳤다면서 버리고 말았을 콧물 배양접시와 곰팡이를 꼼꼼하게 관찰하고 끈질기게 물고 늘어졌어요. 그는 고민에 고민을 거듭한 결과, 사람의 몸에 해롭다고 알려진 곰팡이를 이용해서 반대로 사람의 몸을 치료하는 약을 만들어냈어요. '반대로 생각하기' 덕분이었죠!

페니실린 덕분에 인류의 평균 수명은 크게 늘어났고, 플레밍은 공동으로 연구한 사람들인 피오리, 체인과 함께 1945년에 노벨 의학상을 수상했어요.

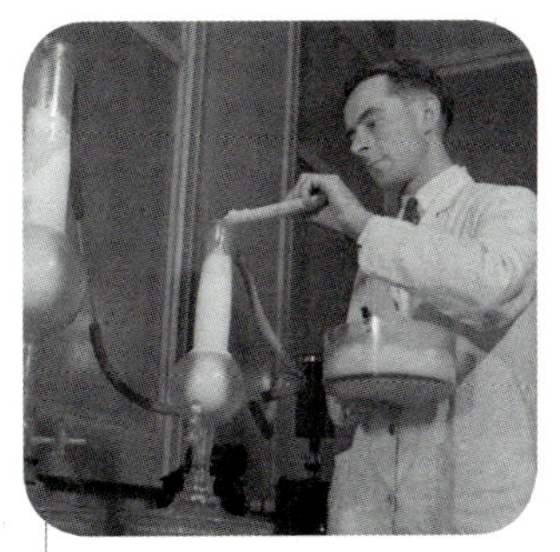

인간의 수명을 늘린
페니실린

수백 년 전만 해도 인간의 평균 수명은 20~30살에 불과했어요. 그 이유는 천연두, 홍역, 콜레라 등의 질병 때문이었습니다. 질병으로부터 인간을 지켜내기 위해 많은 이들이 항생물질을 만들어냈지만 인간에게도 해로운 것이 큰 문제였지요. 그런 점에서 인체에 안전한 페니실린의 발명은 수많은 사람들의 수명을 연장시킨 참으로 위대한 발명이라 할 수 있습니다.

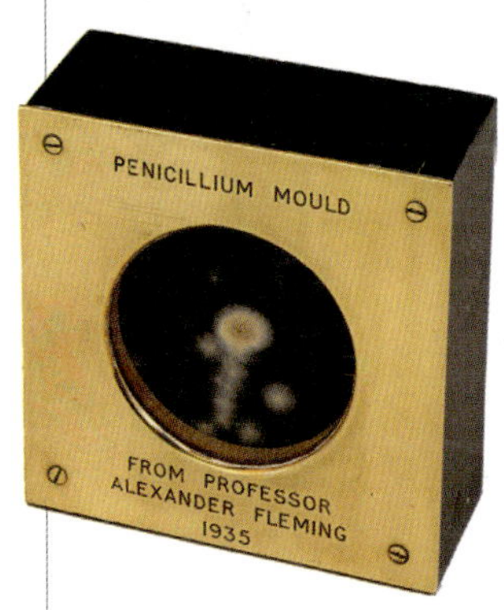

*친구들과, 가족들과 함께 풀어보고 모르는 것은 선생님께 물어보도록 해요!

다음과 같은 발명 기법을 이용하여 만든 것은?

기존 발명품의 모양과 색, 성질 등을 반대로 해서 새로운 것을 반대로 하거나,
기능이나 원리, 연구 방식 등을 반대로 하여 새로운 발명품을 만드는 기법이다.

*옆으로 이어집니다 →

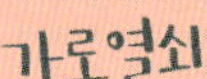

가로열쇠

1. 페니실린을 발견한 사람의 이름

4. 바다의 밑바닥을 가리키는 한자어 ★끝 글자 힌트 : ㅇ저

7. 도시에서 떨어져 있는 지역, 도시로 떠나온 사람이 고향을 이르는 말

8. 빛을 모으거나 분산하기 위해 주로 유리를 갈아 만든 투명한 물체. 볼록ㅇㅇ와 오목ㅇㅇ가 있음

9. 연구를 위해 세균 따위를 기르는 접시

★예문 힌트 : 플레밍은 ㅇㅇㅇㅇ에 그만 콧물을 떨어뜨리고 말았다.

12. 지구 상에 살았던 공룡 중 가장 강하고 사납다는 백악기의 육식 공룡

세로열쇠

2. 사람의 호흡과 동식물의 생활에 없어서는 안 되는 기체

3. 빛을 증폭하는 장치로 ㅇㅇㅇ광선은 무기로 쓰이고 병원에서 수술할 때 쓰기도 함

4. 죽은 사람의 살이 썩고 남은 앙상한 뼈

5. 질병을 예방하는 주사를 맞음

6. 다른 것을 연구하다 우연히 운 좋게도 전혀 새로운 발명을 하게 되는 것을 ㅇㅇㅇㅇㅇ효과라고 함

9. 가을 김장철에 김치를 담가 먹는 채소

★예문 힌트 : 김치는 주로 ㅇㅇ와 무로 담근다.

10. 마술을 부리는 것을 전문으로 하는 사람

11. 그림, 문자, 도표 등의 이미지를 전화선으로 전송하는 장치인 '팩시밀리'의 준말

13. 물방울이 공중에서 얼어 비처럼 떨어지는 얼음덩이

---

(1) 진공청소기　　　(2) 전자책　　　(3) 무가당 주스

(4) 접는 양산　　　(5) 인라인 스케이트

모양, 크기, 방향, 수, 성질 등 무엇이든 반대로 생각해보는 것도 좋은 발명의 길이 될 수 있어요. 예를 들어 벙어리장갑은 양말에서, 다섯 발가락을 분리한 양말은 장갑에서 비롯된 것이랍니다. 이처럼 반대로 생각하여 큰 발명을 한 것들이 무수히 많아요.

1. 기존 발명품과 그것을 반대로 생각하여 만든 발명품을 서로 연결해보자.

장갑 •	• 발가락 양말
김밥 •	• 후륜 구동 자동차
전륜 구동 자동차 •	• 공중에서 도는 팽이
세우는 용기 •	• 거꾸로 세우는 용기
팽이 •	• 누드 김밥

2. 이외에도 반대로 생각하여 만든 발명품으로는 어떤 것들이 있을까?

____

____

3. 주변의 물건을 관찰하고, 물건의 모양이나

크기 등을 반대로 생각해서

새로운 발명 아이디어를 만들어보자!

관찰한 물건   새로운 발명 아이디어

한그린과 판트리올이 다음에는 어디로
갈지, 어떠한 역사 속 발명의 순간을 만
나게 될지 기대되지요?

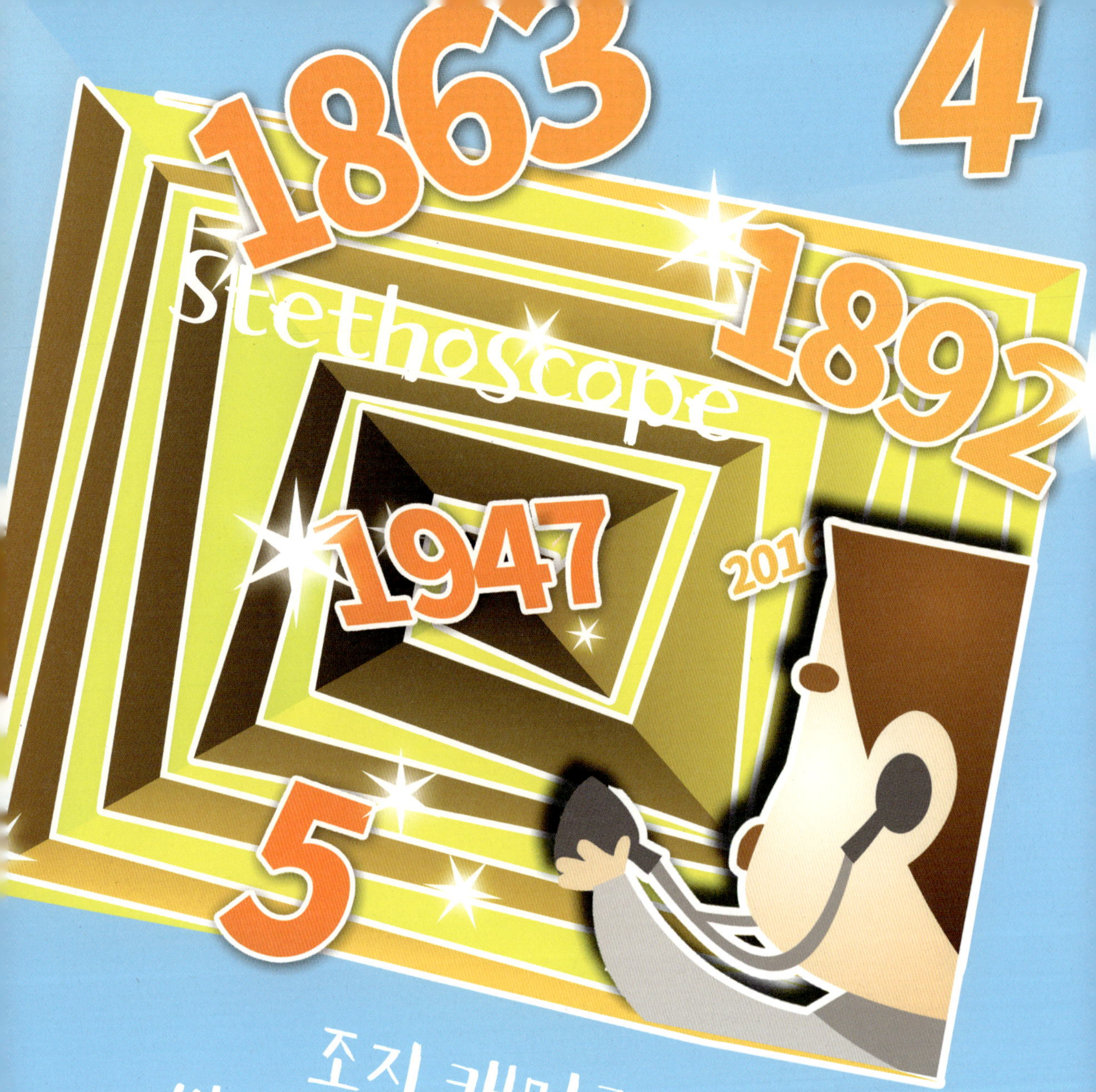

조지 캐먼과
쌍이형 청진기의 탄생

— 제7장 —

발명십계명 제7계율

모양을 바꿔라!

INVENTION WORLD

1852년, 미국

허겁지겁 한그린을 뒤따라 온 판트리올은 한그린이 눈에 띄지 않자 허둥지둥 주위를 둘러보았어요. 골목 모퉁이를 돌자 한그린이 어떤 꼬마 옆에 쭈그리고 앉아있는 모습이 보였어요.

“야, 한그린! 어디 갔는지 한참 찾았잖아!”

한그린은 배를 움켜쥔 채 울고 있는 어린 사내아이를 안쓰럽게 지켜보고 있었어요.

“무슨 일이야?”

“이 아이가 많이 아픈 것 같은데 어떻게 해줘야 할지 모르겠어. 말귀도 못 알아듣나 봐. 어떡하지?”

“얜 누군데? 그런데 네가 울긴 왜 울어?”

판트리올이 갑자기 벌어진 상황 때문에 갈피를 못 잡고 있는데, 골목 저 멀리서 의사 차림의 한 남자가 허둥지둥 달려왔어요. 그는 왕진가방에서 청진기를 급히 꺼내며 말했어요.

“아픈 사람이 누구지?”

“저요. 배가 아파요.”

남자아이가 엉엉 울면서 대답했어요.

“어디 좀 보자. 자, 선생님이 진찰을 좀 해야 하니까 손 좀 치워 볼까. 어디가 아픈지 알면 금방 안 아파지게 할 수 있단다.”

남자는 청진기를 남자아이의 배, 가슴, 등에 대고 진찰했어요.

남자아이에게서 비켜 선 한그린이 판트리올에게 물었어요.

"저 아저씨는 누구야?"

"요즘 병원에 가면 볼 수 있는 청진기를 만든 캐먼이라는 내과 의사야."

"병원에 갈 때마다 궁금했는데, 저렇게 청진기로 소리를 들어서 어디가 아픈지 정확히 알 수 있는 거야?"

"몸에서 나는 소리를 듣고 병을 진단하는 건 오랜 옛날부터 해온 것인데, 청진기가 효과적이라는 게 증명되었으니까 그렇게 오랫동안 쓰인 거지."

어느 순간 캐먼과 남자아이가 사라지더니 병원에 입원한 남자아이와 캐먼의 영상이 눈앞에 나타났어요.

캐먼이 남자아이에게 말했어요.

"많이 아프면 바로 병원에 와야 한단다."

"무서워요."

"그렇다고 이렇게 맹장이 터질 때까지 그냥 두면 안 되는 거야."

그 모습을 보고 판트리올이 한그린에게 말했어요.

"맨 처음에 발명된 청진기는 나무로 만들어진 데다 한쪽 귀로만 들을 수 있었어. 그래서 캐먼은 어떻게 하면 더욱 잘 들을 수 있는 청진기를 만들 수 있을까를 연구했어.”

“그럼 저 아저씨가 요즘 볼 수 있는 청진기를 만든 사람이야?”

“맞아. 원래는 굵고 원통형이었던 청진기를 가늘고 휘어지는 모양으로 만들었어. 그렇게 해서 양쪽 귀로 들으니 몸에서 나는 소리를 더 잘 들을 수 있게 되었지.”

“발명십계명, ‘모양을 바꿔라’ 원칙에 따른 거구나.”

다시 캐먼이 남자아이를 진찰하는 모습이 보였어요. 소리가 마치 눈에 보이는 것처럼 잘 들리는지 흡족한 표정이었지요. 그는 남자아이에게 퇴원해도 좋다고 말했어요.

한그린이 “쟤는 이제 병원 오는 게 무섭지 않겠네” 하고 말하자 판트리올이 살짝 쏘아붙였어요.

“너도 내 가슴에 청진기를 대고 무슨 소리가 들리는지 잘 들어봤으면 좋겠어.”

“무슨 소리가 들릴까?”

“제발 혼자서 사라지지 말고 나한테 꼭 붙어 다니란 말이야!”

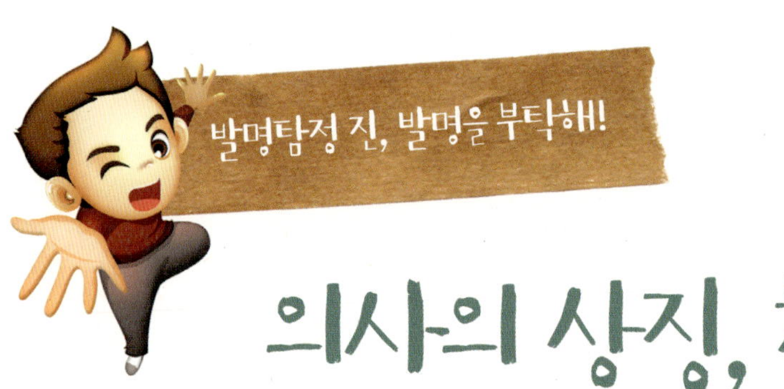

의사의 상징, 청진기

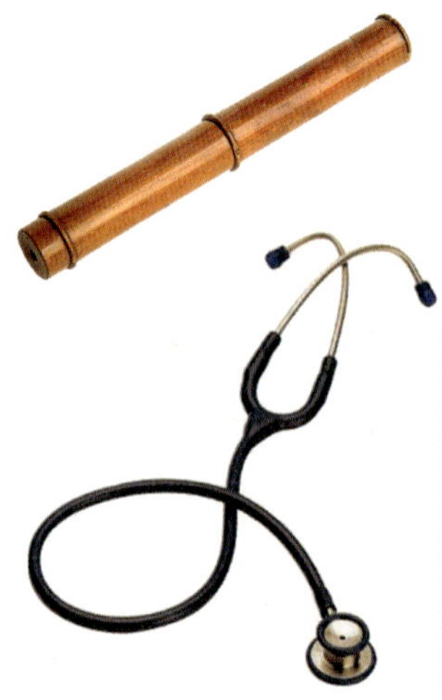

비교해보아요!

라에네크가 만든 최초의 청진기(위)와 오늘날 사용하는 쌍이식 청진기(아래)를 비교해보세요.

요즘 병원에 가면 여러 가지 첨단 장비들이 즐비하지요. 하지만 꽤 옛날에 만들어진 청진기는 여전히 의사의 상징이에요.

몸속 어디가 아픈지 알아보기 위해 고대 이집트나 그리스 사람들은 몸에 귀를 갖다 대고 직접 소리를 들었다고 해요. 아니면 몸에 댄 한쪽 손을 다른 손으로 두들겨 그 소리를 듣기도 했어요. 소리를 듣고 진단하는 것을 청진, 두들겨서 진단하는 것을 타진이라고 해요.

청진은 가슴에서 나는 소리를 듣는 데 오랫동안 쓰였고, 지금까지도 기본적인 진료 방법으로 사용돼요. 19세기 프랑스의 내과 의사 르네 라에네크도 같은 방법으로 환자를 진단했어요. 그런데 하루는 심장이 안 좋은 여성 환자를 청진하려고 가슴에 귀를 대려다 그만 민망해져서 다른 좋은 방법이 없을까 하고 고민하게 되었어요. 어느 날 라에네크의 머릿속에 나무 막대기 한쪽을 두들겨 반대쪽에서 귀를 대고 소리를 듣는 아이들의 놀이가 떠올랐어요. 그는 근처에 있는 종이를 말아서 환자의 가슴에 대고서 소리를 들었어요. 라에네크는 이런 경험을 살려 속이 빈 나무로 된 청진기를 만들었는데, 이것이 1816년에 탄생한 최초의 청진기예요.

라에네크의 청진기는 진찰에 도움을 주었지만 나무로 만들어 뻣뻣한 데다 한쪽 귀로만 들을 수 있어서 의사들은 조금 불편을 느꼈어요. 그래서 1829년 미국의 내과 의사 조지 P. 캐먼이 한쪽으로만 들을 수 있던 원통형 청진기를 개량해 두 귀로 들을 수 있고 튜브로 이루어진 청진기를 만들어냈어요. 이처럼 청진기는 라에네크가 처음 발명한 것이지만, 발명십계명 일곱째인 '모양을 바꿔라'를 통해 좀 더 편리하고 성능 좋은 청진기로 거듭나게 돼요.

새로 만들어진 청진기는 기존의 것보다 가늘고 잘 휘어져서 몸 이곳저곳을 진찰하기에도 편리했지요. 이것이 현재 널리 쓰이는 청진기예요.

청진기의 성능은 계속 개선되어 작은 소리를 확대해서 의사 여럿이 들을 수 있게 하는 장치 등이 추가되었어요. 1963년에는 심장과 폐에서 나는 소리를 훨씬 더 정교하게 잡아내는 리트먼의 청진기가 처음으로 특허를 받았고 1897년에는 높은 주파수와 낮은 주파수의 소리를 모두 들을 수 있는 청진기가 개발되었어요.

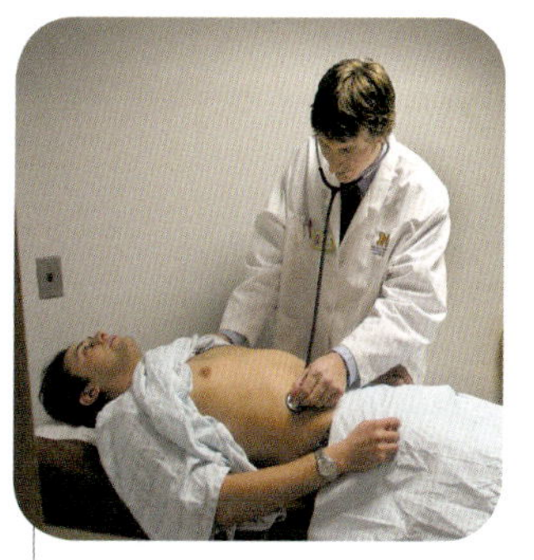

청진기의 원리를
알아볼까요?

청진기는 심장박동음, 호흡 소리, 장의 소리 및 혈관음 등 인체에서 나는 여러 소리의 특성을 파악해 질병을 진단하는 도구입니다. 청진기가 소리를 있는 그대로 들려주지는 않아요. 소리는 진동을 통해 이루어지는데, 1초에 얼마나 진동하는가에 따라 달라집니다. 청진기는 바로 이 진동수를 파악해주는 물건이랍니다. 청진기의 떨림판이 진동수를 받아들여 그 진동수만큼 소리를 내 우리의 귀에 전달을 해주는 것이지요.

*친구들과, 가족들과 함께 빈칸을 채워보아요!

1 의사를 상징하는 물건으로 병원에 가면 □□□를 몸에 대고 진단한다.

2 조지 □□은 양쪽 귀로 듣는 청진기를 처음 만들었다.

3 □□ 바꾸기 기법은 본래의 모양을 바꿔 더 좋은 성능을 가진 물건이나 사용하기 편리한 물건을 만드는 발명 기법이다.

4 1914년, 미국에 살던 루드라는 청년은 회사에서 새로운 병 디자인을 모집한다는 공고를 보았다. 공고에는 '모양이 예쁠 것, 물에 젖어도 미끄러지지 않을 것, 음료의 양이 적게 들어갈 것'이라는 단서가 붙어 있었다. 루드는 여자친구 주디가 허리를 잘록하게 드러내는 옷을 입은 것을 보고 아이디어를 떠올렸다. "사람 몸처럼 허리 부분이 쏙 들어가게 만들면 되지 않을까?" 그렇게 해서 오늘날 같은 □□ 병이 탄생하게 되었다.

5 일본의 어느 부인의 아들이 병원에 입원하였다. 아들을 간호하던 부인은 아들이 어렵게 일어나 우유를 마시는 것을 보았다. 그녀는 "누워서 먹을 수 있으면 편할 텐데, 방법이 없을까?"라고 고민했다. 처음에 부인은 고무관을 사용하려고 했지만, 고무는 너무 냄새가 나서 음료를 마시는 데 쓰기에 적합하지 않았다. 그러던 어느 날, 부인은 수도꼭지에 달려있는

주름진 호스를 보았다. 그 결과 주름이 져서 잘 구부러지는 □□를 발명해냈다.

6 일본의 쓰쓰이는 이단형, 반달형, 팔각형, 원통형 등 1백여 종의 □□갑을 개발하여 억만장자가 되었다. 참고로, 옛날에는 □□에 불이 붙듯이 집안이 흥성하기를 기원하며 이사 때 □□을 선물하기도 했다.

(※빈칸은 모두 같은 단어임)

7 디자인도 □□청에서 산업재산권으로 등록하여 보호받을 수 있다.

발명십계명 QUIZ

다음 설명에 해당하는 발명 기법은?

* 산업재산권 중 디자인권에 해당한다.
* 기존 물건의 본질은 그대로 두고 외형을 다르게 만드는 것이다.
* 콜라병, 주름 잡힌 빨대, 원뿔형 종이컵 등은 이 기법으로 만들어진 발명품들이다.

(1) 빼기　　　　　(2) 더하기　　　　　(3) 크기 바꾸기

(4) 재료 바꾸기　　　　　(5) 모양 바꾸기

지금 있는 물건의 모양을 편리하게 바꿔보아요. 모양이 바뀌면 사용하기 더 좋아질 수 있답니다.

1. 모양 바꾸기 기법으로 만들어진 발명품을 우리 주변에서 찾아보자!

기존 발명품	모양 바꾸기 아이디어	새로운 발명품
약봉지	스틱형으로 만들면 가루약을 털어먹기 편해지지 않을까	스틱형 약봉지

집이나 학교에서 물건을 사용하면서 크고 작은 불편함을 느껴본 적이 있나요? 불편함을 해결하기 위해 반드시 복잡한 발명품을 만들어야 하는 것은 아니에요. 작고 간단한 아이디어만 있으면 자신뿐 아니라 주변 사람들에게 커다란 편리함을 선물할 수 있습니다.

2. 주변의 물건을 관찰하고,
빼기의 원리로 만들 수 있는
새로운 발명 아이디어를 떠올려보자!

관찰한 물건

새로운 발명 아이디어

발명이 이렇게 재미있는 것이었다니 놀라울 뿐이에요! 흥미진진한 발명 여행을 계속해보아요.

4
1863
1892
Billiard Balls
1947
2016
5
하이엇 형제와
플라스틱의 유래

발명십계명 제8계율

재료를 바꿔라!

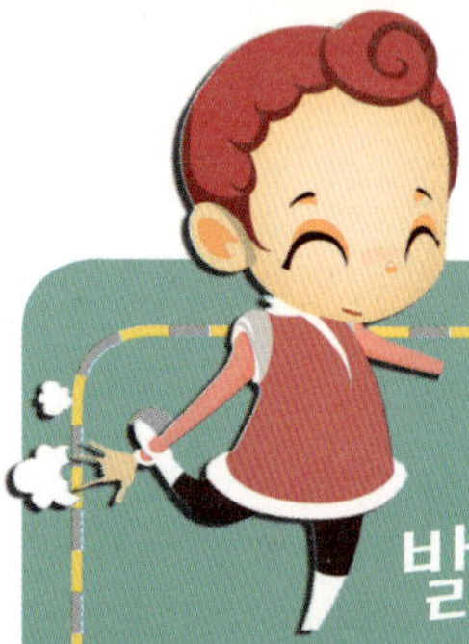

발명 시간여행 그 여덟 번째

1869년, 미국

한그린은 뉴욕 센트럴 파크를 둘러보고 있었어요. 판트리올은 이제는 한그린의 보호자 노릇이 익숙한지 조금은 느긋한 표정이었어요.

그때 한그린이 남자 둘이 웃통을 벗고 칼싸움을 하고 있는 곳을 가리키며 말했어요.

"저기 좀 봐! 재미있겠다."

판트리올은 언뜻 보고 진짜 칼싸움인가 싶어서 한그린을 두 팔로 감쌌어요.

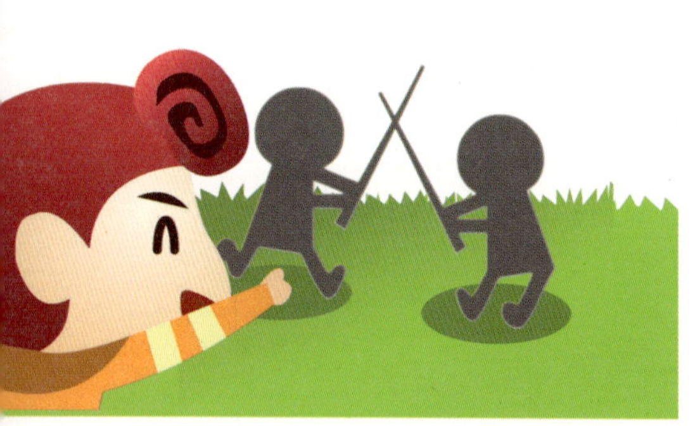

그런데 가만히 보니 남자들은 칼로 싸우는 것이 아니라 당구 칠 때 쓰는 나무막대인 큐를 갖고 장난을 치고 있었어요.

판트리올이 말했어요.

"왜들 저러는 거지?"

"칼로 싸우는 건 아닌데? 위험해 보이진 않아.

아무튼 아무나 이겨라!"

한그린은 괜히 신이 나 있었어요. 한 남자의 큐가 부러져 승부가 나자 큐 싸움을 하던 두 사람 모두 지쳐 주저 앉았어요. 두 사람이 주고받는 말이 들려왔어요.

"내가…… 헉헉…… 이겼다!"

"무식하게 힘만 세 가지고는. 아휴, 힘들어. 아무튼 큐가 부러졌으니 이제 당구는 다 쳤네."

"어차피 당구공도 없는데, 뭘."

이 광경을 보고 한그린이 판트리올에게 물었어요.

"저 사람들은 누구야? 그리고 왜 당구공이 없다는 거야?"

판트리올은 벽보를 가리키며 한그린에게 읽어보라는 몸짓을 했어요.

"나는 키가 작아서 잘 안 보여. 나보다 키가 크니까 좀 읽어줘."

판트리올이 말했어요.

"여긴 1869년 미국 뉴욕이야. 상아 말고 다른 재료로 당구공을 만드는 사람에게 1만 달러를 상금으로 준대. 이 당시에는 코끼리의 상아로 당구공을 만들었는데, 너무 비싼 데다 구하기도 힘들어져 당구공 재료로 쓸 수 없게 된 거야.

저 두 사람은 존 하이엇과 이사야 하이엇 형제야. 처음으로 상아가 아닌 다른 재료로 당구공을 만든 사람들이지."

하이엇 형제는 어깨동무하고 휘파람을 불면서 어디론가 발걸음을 옮겼어요.

"이사야, 한번 해볼 만한 일 아니겠어."

"그까짓 것 만들지 못하라는 법은 없잖아. 우리 둘이 합심해서 한번 만들어 보자고!"

"그래, 상아 없다고 당구공을 하나 못 만들겠어? 빵이 없으면 케이크라도 먹어야지."

한그린과 판트리올의 눈앞에 하이엇 형제의 작업장이 펼쳐졌어요. 하이엇 형제는 구슬땀을 흘리며 새 당구공 발명에 몰두했어요.

판트리올이 설명했어요.

"하이엇 형제는 여러 가지 물질을 섞어 당구공을 만들어냈지만 공의 부피가 줄어들어 상금을 반밖에 받지 못하는 등의 우여곡절 끝에 최초의 천연수지 플라스틱이라고 할 수 있는 셀룰로이드라는 물질을 만들어냈어. 이 셀룰로이

드는 발전을 거듭해 오늘처럼 플라스틱으로 못 만
드는 게 없을 정도인 시대가 온 거야.”

두 사람의 눈앞에 플라스틱병과 바구니, 장난감,
단추, 온갖 모양의 그릇, 영화 필름 등 플라스틱으
로 만든 물건들이 지나갔어요.

“우와! 재료를 바꾸라는 발명십계명에 따라 이
렇게 많은 물건들이 만들어진 거구나.”

“그렇지. 좋았어, 한그린. 그럼 이제 다음 발명십
계명을 배우러 가볼까.”

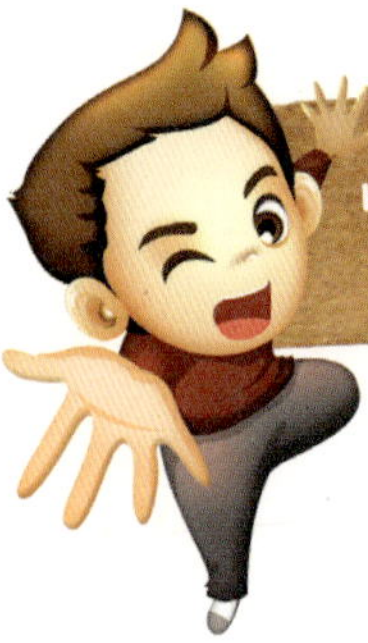

플라스틱의 시대를 연 하이엇 형제

당구공을 만드는 데
사용되었던
코끼리의 상아

초기에는 아프리카코끼리의
상아로 당구공을 만들었어
요. 마구잡이식으로 밀렵이
이뤄져 아프리카코끼리는 한
때 멸종 위험에 처하기도 했
었답니다.

1863년 뉴욕 거리에 희한한 현상모집 벽보가 나붙었어
요. 상아가 아닌 다른 재료로 당구공을 만드는 사람에게
1만 달러의 현상금을 준다는 내용이었어요. 발명에 관심이
많고 동생과 함께 발명품을 만들어본 적도 있는 인쇄공 존
하이엇은 벽보를 보고 구미가 당겼어요.

19세기 미국의 부유층에서는 당구가 유행이었는데, 당
구공은 아프리카코끼리의 상아로 만들었기 때문에 값이 무
척 비쌌어요. 게다가 너도나도 귀한 상아를 얻으려고 코끼
리를 마구잡이로 사냥하는 바람에 당구공 재료로 쓸 상아
는 찾아볼 수조차 없는 지경이 되었어요. 이대로 가다간 코
끼리가 멸종할지도 모른다고 〈뉴욕타임스〉가 경고할 정도
였지요.

하이엇 형제는 나뭇가루, 헝겊, 아교풀, 녹말 등 여러 물
질을 섞어 가열하고 단단하게 압축해 당구공을 만들었어
요. 발명십계명 여덟, '재료를 바꿔라' 원리에 따른 발명이
었죠.

그런데 어찌 된 일인지 당구공의 부피가 줄어들고 말았어요. 하이엇 형제는 다시 실험을 거듭해 니트로셀룰로오스에 화약이나 방충제에 쓰이는 재료인 장뇌를 섞으면 당구공이 더 단단해진다는 사실을 알게 되었어요. 또 신경통약인 캠퍼팅크가 당구공 부피가 줄어드는 것을 막는다는 사실도 알아냈어요.

1869년 하이엇 형제는 이 새 물질에 '셀룰로이드'라는 이름을 붙여 특허를 냈어요. 셀룰로이드는 단추, 주사위, 영화 필름, 틀니 등 다양한 물건을 만들어내는 데 쓰였고 하이엇 형제에게 큰 성공을 가져다주었지요. 하지만 셀룰로이드는 가끔 폭발을 일으킨다는 큰 단점이 있었기 때문에 사람들은 새로운 당구공 소재를 찾지 않으면 안 되었어요.

지금은 그 성분을 철저하게 비밀로 하고 있는 벨기에의 아라미스 당구공이 전 세계에서 널리 쓰이는데, 이런 품질 좋은 당구공이 만들어지는 데 하이엇 형제의 공로가 있었다는 것은 분명해요.

하이엇 형제의 더 큰 공로는 본격적인 플라스틱 시대를 열었다는 데 있어요. 벨기에의 L. H. 베이클랜드는 페놀과 알데하이드를 반응시키면 합성수지가 생긴다는 독일의 화학자 폰 바이어의 논문을 집중적으로 연구하고 셀룰로이드의 단점을 보완해 1909년 베이클라이트라는 물질을 만들어냈어요. 그 덕분에 오늘 같은 플라스틱 시대가 오게 되었어요.

플라스틱을 처음 만든 베이클랜드

베이클랜드가 플라스틱을 발명하지 않았다면, 오늘날 우리가 사용하는 가볍고 깨질 염려 없어 안전한 플라스틱 제품들은 없었을지도 몰라요!

셀룰로이드 vs. 베이클라이트

셀룰로이드는 최초의 플라스틱으로 획기적이었으나 깨지기 쉬워 당구공 재료로는 적합하지 않았습니다. 대신 틀니, 단추, 만년필 등의 용도로 사용되었지요. 그 후 1907년 발명된 베이클라이트는 단단하고 부식되지 않아 각종 전자제품에 사용되었답니다.

*친구들과, 가족들과 함께 풀어보고 모르는 것은 선생님께 물어보도록 해요!

발명십계명 QUIZ

다음 물건에 적용된 발명 기법으로 옳게 짝지은 것은?

스테인레스 항아리 뚜껑, 접이식 자전거

(1) 모양 바꾸기, 더하기

(2) 재료 바꾸기, 용도 바꾸기

(3) 아이디어 빌리기, 재활용하기

(4) 재료 바꾸기, 크기 바꾸기

(5) 반대로 생각하기, 모양 바꾸기

106

2. 당구에서 쓰는 공

4. 벨기에의 베이클랜드가 셀룰로이드의 단점을 보완해 만들어낸 새로운 물질 ★부분 말 힌트 : 베이ㅇㅇㅇ트

7. 연극, 영화, TV드라마, 스포츠 등에서 가장 흥미 있는 주요 장면. 그림이나 사진에서 가장 밝게 보이는 부분

  ★예문 힌트 : 오늘 있었던 야구 경기의 ㅇㅇㅇㅇㅇ 장면이 방송될 예정이다.

9. 이산화탄소를 높은 압력, 낮은 온도의 조건을 맞춰 고체로 변화시킨 물질을 ㅇㅇㅇ아이스라고 한다.

10. 감귤 종류의 하나로서, 향기가 좋고 비타민C가 풍부하다.

12. 가족이나 친척 사이에서 남자가 손윗여자를 가리키는 말

14. 유럽 북서부에 있는 나라로, 품질 좋은 아라미스 당구공이 이 나라에서 만들어진다.

15. 봄 · 여름 · 가을 · 겨울 네 철 내내의 동안을 가리키는 말

1. 사진이나 영상을 찍는 기계로, 우리말로는 사진기라고 한다.

3. 원운동을 하는 물체에 작용하는 힘으로, 원의 중심 쪽으로 나아가려는 힘

5. 인터넷에 접속하면 언제 어디서나 데이터를 이용할 수 있는 서비스로, 영어로는 '구름'이라는 뜻이다.

6. ㅇㅇㅇ전쟁에서 그리스 연합군은 거대한 목마 안에 병사를 숨겨 성 안으로 들어가 승리함. 이 목마를 ㅇㅇㅇ의 목마라고 함

7. 상아를 대체한 재료로 새로운 당구공을 만든 발명가 형제

8. 방송국에서 보낸 전파를 수신하여 음성으로 바꿔 주는 기계 장치

11. 지하 철도 위를 달리는 전동차. 대도시에서 교통 혼잡을 피하기 위해 땅속으로 다닌다.

12. 누에나방과에 속하는 누에나방의 유충

13. 의술과 약으로 병을 치료 · 진찰하는 것을 직업으로 삼는 사람

어떤 물건을 만들기 위한 재료를 현재 사용되는 것과는 전혀 다른 것으로 바꾸는 것도 발명이에요. 재료를 바꿈으로써 더욱 편리하고 효율적으로 만들 수 있어야 성공한 발명이랍니다.

1. 기존 발명품과 재료 바꾸기 기법으로 탄생한 발명품을 비교해보고, 재료 바꾸기 기법을 통해 어떤 점이 좋아졌는지 발명의 효과를 생각해보자!

기존 발명품	새로운 발명품	효과
유리컵	플라스틱 컵	
가죽 가방	종이 가방	
나무 이쑤시개	녹말 이쑤시개	

특허는 발명가의 '아이디어'를 보호하기 위한 제도로, 이전에 없던 아이디어를 알맞은 조건과 절차에 따라 신청하면 특허청에서 심사를 통해 특허를 허가해준답니다. 특허를 받으면 발명한 사람은 일정 기간 다른 사람이 자신의 발명품을 허락 없이 이용하거나 팔 수 없도록 하는 법적 권리를 부여받게 됩니다.

2. 주변의 물건을 관찰하고,
기존 물건의 재료를 바꿔
새로운 발명 아이디어를 만들어보아요!

관찰한 물건

새로운 발명 아이디어

1863
1892
4
5
Cheese
유목민들과
치즈의 발명

— 제9장 —

발명십계명 제9계율

재활용하라!

INVENTION V

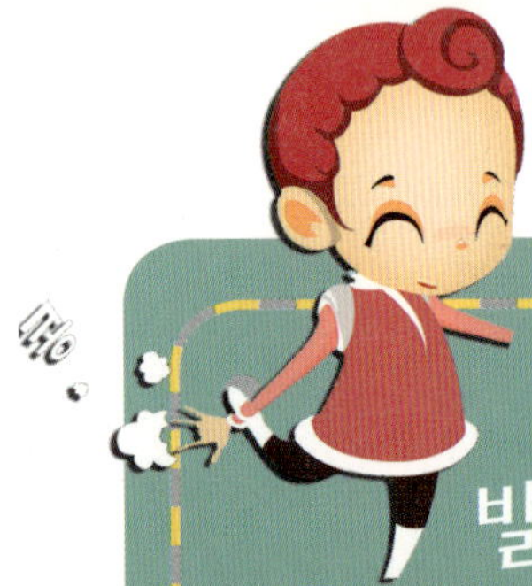

발명 시간여행 그 아홉 번째

기원전, 중앙아시아

한그린과 판트리올이 도착한 곳은 풀이 듬성듬성하고 지평선에 붉은 산등성이가 보이는 황야였어요. 염소 떼가 지나가고 하늘에는 매가 빙빙 돌고 있었어요.

"아우, 더워. 여긴 어디야?"

"음, 어딘지 볼까? 기원전 5,000년? 만 년? 정확하진 않은데."

"그렇게 오랜 옛날에도 사람들이 발명을 했단 말이야?"

"발명을 우습게 보면 안 돼. 인류 문명은 발명과 함께 발전했어."

잠시 뒤 말을 탄 목동 둘이 지나갔어요. 한 사람이 말안장에 매단 가죽 주머니를 들고 안에 든 것을 마시려고 했어요. 그런데 아무것도 나오지 않는지 주머니 안을 들여다보고는 신경

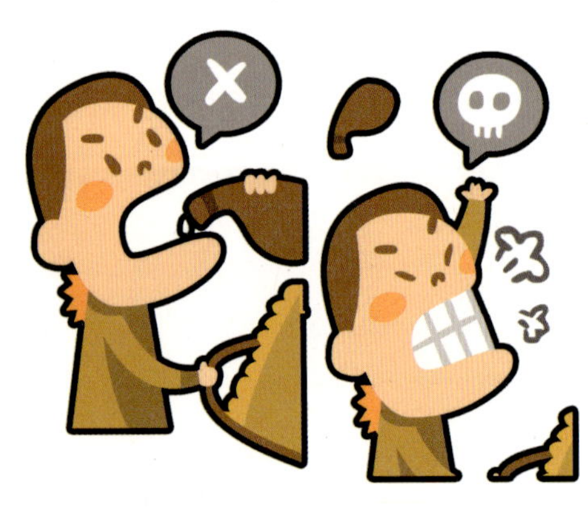

질을 부리며 주머니를 집어 던졌어요.

한그린이 물었어요.

"저 사람들 뭐하는 거야?"

"더운 날씨에 가죽 주머니에 담아둔 우유가 굳어버렸나 봐."

"그럼 우유가 상한 거잖아."

그때 다른 한 목동이 말을 멈추고 주머니를 집어 들었어요. 그는 한쪽 눈을 찡그리고 안을 들여다보더니 주머니 속에 손가락을 집어넣고 하얀 덩어리를 꺼냈어요. 목동은 그 하얀 덩어리를 버리려다 말고 냄새를 맡기 시작했어요. 그러더니 입에 조금 넣어 우물거리며 맛을 보았어요.

한그린이 깜짝 놀라 외쳤어요.

"앗, 저 사람, 썩은 우유를 먹고 있어!"

뜻밖에도 목동은 환하게 웃으며 주머니를 집어 던졌던 다른 목동에게 건넸어요. 맛을 본 또 다른 목동의 눈이 휘둥그레졌어요. 두 사람은 하얀 덩어리를 주거니 받거니 맛있게 먹기 시작했어요.

"어휴, 토가 나올 것 같아."

한그린의 말에 판트리올이 미소 지으며 말했어요.

"실은 썩은 우유가 아니라 치즈를 먹고 있는 거야."

"치즈라고? 어떻게 썩은 우유가 치즈가 돼?"

"저건 동물 내장으로 만든 주머니야. 주머니 안에 남아있던 발효 물질과 우

유가 반응을 일으켜 굳어져서 치즈가 만들어진 거지.”

“아, 그렇구나! 그럼 치즈는 발명십계명 중에서 재활용하라는 원리에 의해 발명된 거네. 저 사람들이 우유가 썩었다고 버리지 않고 한번 먹어본 게 치즈를 발명한 계기구나!”

“그런 셈이야. 저 사람들뿐만 아니라 세계 각지의 여러 나라 사람들이 비슷한 환경에서 우연히 치즈가 생긴 것을 발견하고는 왜 치즈가 만들어지게 되었는지 궁리하게 되고, 다양한 실험을 통해 오늘날 우리가 먹는 치즈로 발전한 것이지.”

한그린은 치즈로 만든 과자며 음식을 떠올리며 군침을 삼켰어요.

“맛있는 치즈! 나도 집에 가서 치즈를 만들어볼 테야! 가죽 주머니를 구해 우유를 넣고 전자레인지로 데우면 되지 않을까?”

“이젠 다양한 맛의 치즈를 손쉽게 얼마든지 먹을 수 있는데 일부러 그럴 필요가 있을까."

판트리올의 말에 한그린이 눈을 반짝이며 대꾸했어요.

"발명 정신을 배운다는 의미에서 한번 해봐도 괜찮을 것 같아."

그러자 판트리올이 쓴 입맛을 다시면서 말했어요.

"마음대로 해봐. 대신 나더러 먼저 먹어보라고 하진 말아줘."

상한 우유의 재발견, 치즈

유목민과 치즈의 탄생

치즈는 중앙아시아의 유목민들에 의해 처음으로 만들어졌어요. 유목민들은 이리저리 사막을 이동하면서 살기 때문에 우유를 긴 시간 보관할 방법이 필요했어요. 그 과정에서 우유에 비해 가지고 다니기 좋고 오래 보관할 수 있는 데다, 영양분도 풍부한 치즈가 탄생했답니다.

오랜 옛날 아라비아의 상인이 먼 길을 떠나면서 염소 젖을 양의 위로 만든 주머니에 담았어요. 그런데 상인이 배가 고파 염소 젖을 먹으려 하자 맹물만 나오고 주머니 안에는 흰 덩어리만 남아 있었어요. 다른 사람이라면 우유가 상했구나 하고 버렸겠지만, 그는 상한 우유 덩어리의 냄새를 맡고 맛을 보았어요. 그리고 이것을 음식으로 먹으면 어떨까 생각했답니다. 치즈의 탄생에 얽힌 옛날이야기이지요.

사람들은 젖당과 주머니에 남아있는 소화 효소가 반응해 굳어져 치즈가 만들어진다는 것, 날씨가 따뜻하면 동물의 젖이 더 잘 굳는다는 것을 알게 되었어요.

치즈는 약 1만2천 년 전 중앙아시아의 유목민들이 가축의 젖에 들어있는 젖당이 적당한 기후 조건에서 산화해 치즈로 굳어진 것을 발견하고 먹기 시작한 데서 유래한다고 해요. 사막이 많은 중동 지역에서는 사냥감이 드물고 음식도 금방 상해버리는 탓에 소를 기르고 우유를 마셔 단백질을 보충했지요. 단백질을 쉽게 섭취할 방법을 궁리하던 끝에 그들은 상한 우유를 활용해보기로 했어요. 발명십계명의 아홉 번째 원리, '재활용하라'는 아주 옛날부터 사용되어 왔던 거예요.

발효된 동물의 젖으로 만든 또 하나의 발명품은 바로 요구르트예요. 쉬어버린 양젖을 버리지 않고 재활용한 것이지요.

근대에 접어들자 세계 각국은 연구와 실험을 통해 다양한 치즈를 만들어냈어요. 치즈는 점점 전 세계 사람들의 입맛을 사로잡았어요. 하지만 치즈를 대량으로 만들어내는 데는 걸림돌이 있었어요. 치즈의 원료인 우유가 미생물 때문에 쉽게 상해버렸기 때문이에요.

이후 냉장고가 발명되고, 루이 파스퇴르는 자기 이름을 딴 '파스퇴라이제이션'이라는 저온살균법을 개발했어요. 그 덕분에 우유를 더 오래 보관하고 더 멀리 옮길 수 있게 되어 더 많은 치즈를 생산할 수 있게 되었답니다.

루이 파스퇴르
Louis Pasteur
(1822년~1895년)

프랑스의 생화학자이자 세균학의 아버지. 그는 우유 등의 액체를 가열해 그중에 포함된 박테리아나 곰팡이를 모두 죽이는 방법을 발견했습니다. 이 방법은 곧바로 가열살균법으로 알려지게 되었어요.

● 치즈의 종류를 알아보아요!

1. 고르곤졸라 치즈
이탈리아 치즈로 짠맛과 매운 맛이 나요.

2. 카망베르 치즈
나폴레옹이 좋아한 치즈로 유명한데요, 흰 곰팡이 치즈라고도 해요.

3. 모차렐라 치즈
숙성과정 없이 신선한 상태 그대로 샐러드나 과일과 함께 먹을 수 있어요!

*친구들과, 가족들과 함께 풀어보고 모르는 것은 선생님께 물어보도록 해요!

다음 발명품의 설계요소 중 재활용하기 기법과 가장 관련이 깊은 것은?

(1) 가공 시기   (2) 경제성   (3) 안전성

(4) 제품의 기능   (5) 제품의 구조

118

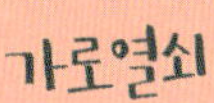

1. 요리를 전문으로 하는 사람

4. 소의 젖으로, 이것으로 만든 치즈가 가장 많음

6. 옷이나 천 따위의 주름이나 구김을 펴고 줄을 세우기 위해 만들어진 발명품

7. 동물체의 주 영양소가 아니면서 동물의 정상적인 발육과 생리 작용을 유지하는 데 없어서는 안 되는 유기 화합물을 통틀어 이르는 말

8. 주로 화물을 운반하기에 적합하게 제작된 자동차

10. 기계를 작용시켜서 전기를 만들어내는 기계

14. 물체의 본바탕을 가리키는 한자어로, 돈이나 재산을 달리 이르는 말이기도 하다.

　　★예문 & 첫 글자 힌트 : 내 몸을 이루는 물○은 무엇일까?

15. 과거나 미래로 발명 시간여행을 가능하게 한다는 공상의 기계

16. 세균학의 아버지라 불리고 저온살균법을 개발한 프랑스의 생화학자

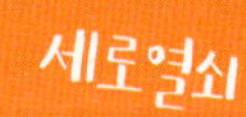

1. 유산균을 이용해 우유를 발효시킨 음식

2. 높은 곳이나 낮은 곳을 오르내릴 때 디딜 수 있도록 만든 발명품

3. 개밋과의 곤충을 통틀어 이르는 말

5. 목축을 하기 위해 물과 풀을 따라 옮겨 다니며 사는 사람들

7. 공기의 작용에 의해 지상으로부터 높이 떠서 대기권을 날 수 있도록 만들어진 기계. 라이트 형제가 최초로 발명했다.

9. 가죽 또는 합성 소재로 만들어 공기로 부풀린 달걀 모양의 공으로, 럭비 경기에서 사용된다.

11. 세포를 구성하고 몸 안 물질대사의 촉매 작용으로 생명을 유지하는 물질. 3대 영양소는 탄수화물, 지방, 그리고 ○○○.

12. 사람이 들을 수 있는 범위를 넘는 주파수 16kHz 이상의 음파

13. 자질구레한 물품 따위를 넣어 허리에 차거나 들고 다니도록 발명된 것

15. 목재, 석탄, 석유 등을 말리거나 증류할 때 생기는 검고 끈끈한 액체를 통틀어 이르는 말

페트병, 우유갑, 헌 옷 등 우리 주변에는 매일매일 버려지는 물건이 많아요. 버려지는 물건을 활용하여 다른 무언가를 만들어낼 수 있지 않을까, 하는 생각도 좋은 발명으로 이어질 수 있어요.

● 주변에서 쉽게 구할 수 있는 물건의 새로운 용도를 생각해보고, 발명 아이디어를 적어보아요.

버려지는 물건	새로운 용도	발명 아이디어
달걀판	무언가를 꽂을 수 있다.	온도계

폐품을 완전히 새롭게 바꾸는 것도 발명이지만, 자원 재활용 차원에서 원래 형태와 기능을 유지하고 다른 용도로 사용할 수 있도록 바꾸는 것 또한 발명이라고 할 수 있어요. 석유를 만드는 과정에서 나온 찌꺼기로 만든 아스팔트나, 넘어져도 다치지 않도록 폐타이어로 만든 보도블록 등이 그 예랍니다.

버려지는 물건	새로운 용도	발명 아이디어
현수막	천 대신 쓸 수 있다.	현수막으로 만드는 에코백(천가방)

이제 마지막 여행밖에 남지 않았어요. 아쉬움이 들지만, 그래도 힘차게 다음 장으로 가보아요.

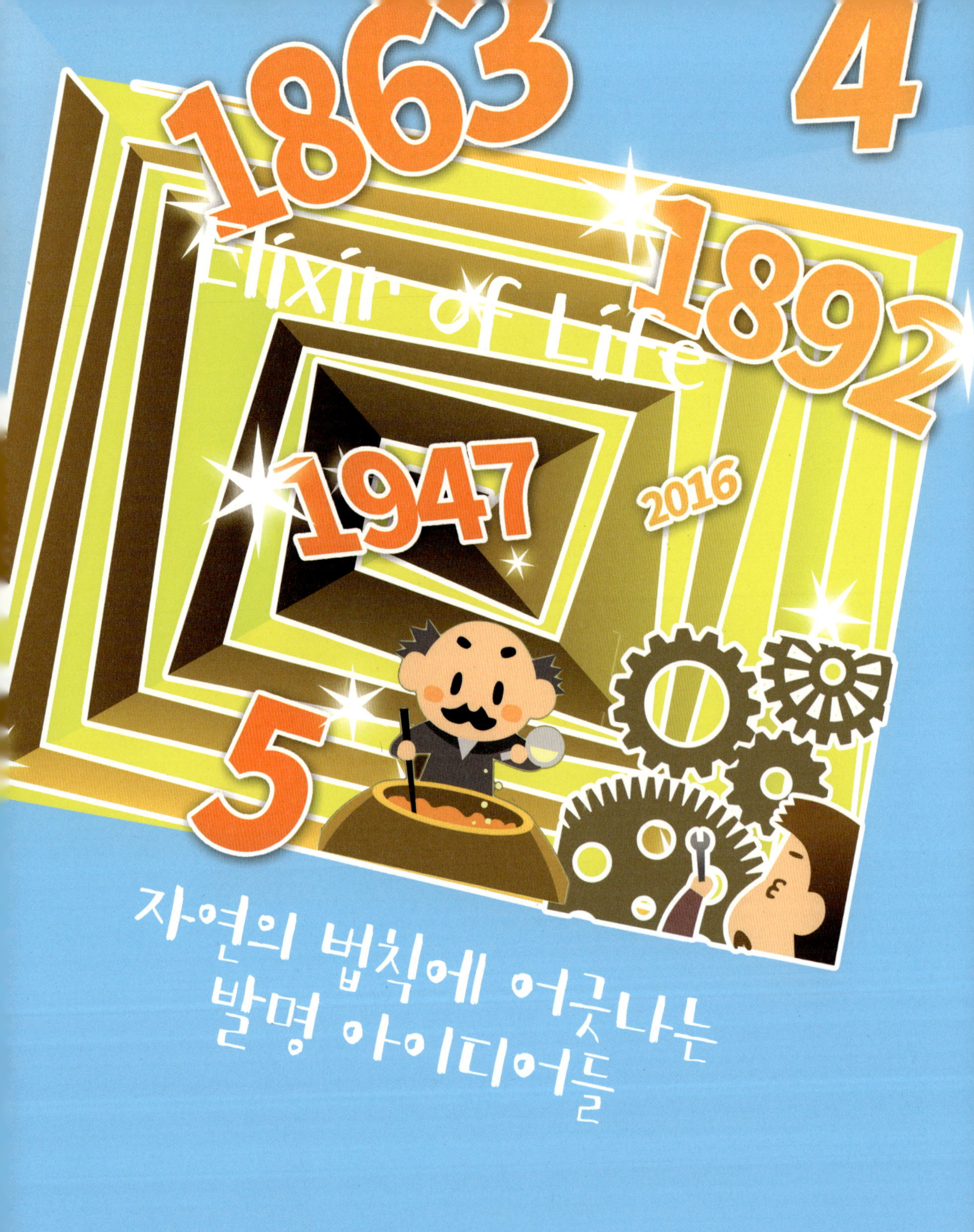
1863
4
Elixir of Life
1892
1947
2016
5
자연의 법칙에 어긋나는
발명 아이디어들

— 제10장 —

발명십계명 제10계율

불가능은
버려라!

INVEN ORLD

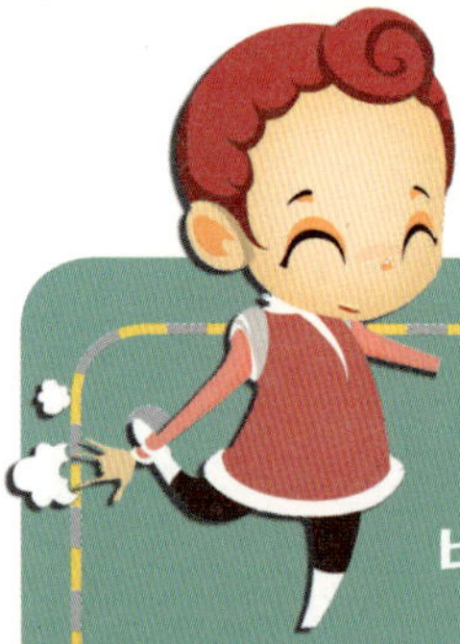

발명 시간여행 그 열 번째

마지막 이야기

한그린은 약간 지치긴 했지만 이번엔 또 어떤 발명의 세계가 펼쳐질지 기대하며 걸었어요. 판트리올은 연신 무엇인가를 들여다보며, 그곳이 어딘지를 살폈어요. 그런데 갑자기 두 사람 앞에 있는 공간이 커튼처럼 양쪽으로 갈라지더니 누군가가 나타났어요.

"앗, 할아버지!"

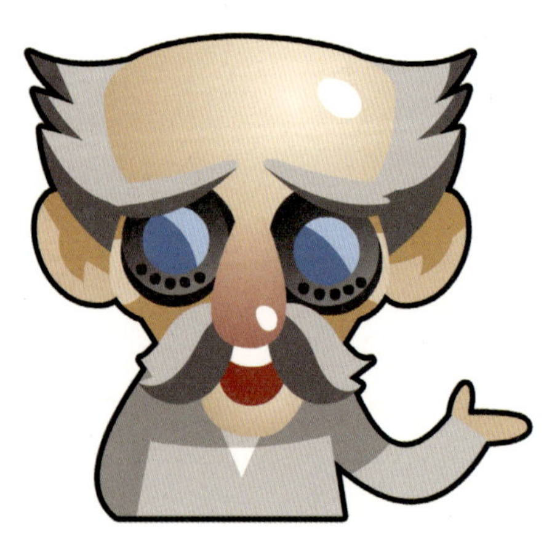

"하하, 네 증조의 증조, 또 증조의 증조…… 할아버지쯤 될 거다."

"그런데 신기하게도 저랑 이렇게 이야기를 나눌 수 있네요?"

"내게 탑재된 시스템 덕분이지. 지금 특별히 시범 운영 중이란다."

할아버지가 계속해서 말씀하셨어요.

"배고프지? 내가 특별히 먹을 것을 좀 준비했다."

한그린의 할아버지인 한운호 박사가 한그린과 판트리올에게 앉으라고 하자 과자와 마실 것이 준비된 테이블이 펼쳐졌어요. 한그린은 여전히 까불거리며 과자를 먹었어요. 판트리올은 뭔가 복잡하다는 듯한 표정으로 말없이 앉아 있었어요.

"한그린아, 발명 체험은 재미있었니?"

"네! 여러 시대, 여러 사람들을 봤어요! 꼭 타임머신을 탄 기분이었어요."

"발명십계명이 무엇인지 생생하게 체험했겠구나."

"네, 실제로 경험해보니 머릿속에 쏙쏙 들어왔어요. 그런데 아직 한 가지가 남았어요."

한운호 박사가 입가에 미소를 띠며 말했어요.

"바로 여기가 그 마지막 계명을 알려주는 곳이란다."

"마지막 계명 '불가능은 버려라' 말인가요?"

"그래 맞다. 오랜 옛날부터 무한동력, 연금술, 불로불사 등을 발명해내려고 노력한 사람이 정말 많았지. 하지만 금을 만드는 기술은 비효율적이고, 인간이 늙지 않고 죽지 않을 방법은 발견되지 않았어. 그리고 무한동력은 물리법칙에

하지만 금을 만드는 기술은
비효율적이고,

인간이 늙지 않고
죽지 않을 방법은 발견되지 않았어.

그리고 무한동력은
물리법칙에 위배되지.

위배되지. 이런 것들은 모두 불가능한 발명이란다."

한그린이 말했어요.

"아빠도 불가능한 걸 가능하게 하려고 노력하지 말고 가능한 걸 더 잘하기 위해 노력하라고 말씀하셨어요."

"음, 좋은 말이구나, 과연 내 후손답군. 발명은 흔히 생각하듯 그렇게 어려운 건 아니야. 언제나 열린 마음으로 주변을 잘 관찰하고, 아무리 터무니없어 보이는 아이디어라도 여러모로 찬찬히 생각하는 자세가 가장 중요하다는 걸 잊지 말도록 해라."

한운호 박사는 한그린과 판트리올에게 손을 흔들어 보이며 작별인사를 했어요.

“이만 돌아가렴. 한수명 박사가 걱정할지도 몰라.”

“알겠어요. 또 놀러 올게요, 할아버지!”

“그래, 알았다. 테마파크 ‘인벤션 월드’에서 기다리고 있으마.”

다시 공간이 갈라지고 조금 전까지는 없던 문이 나타났어요. 사라지려는 한운호 박사를 향해 판트리올이 입을 열었어요.

“박사님, 만약 다시 뵙게 된다면 저는…….”

“시스템에 입력되지 않아서 무슨 말인지 모르겠구나.”

판트리올의 말은 좀 싱거웠어요.

“……나중에 꼭 다시 뵙겠습니다.”

한운호 박사가 떠나자 바깥세상에는 31세기의 미래가 펼쳐져 있었어요. 테마파크 ‘인벤션 월드’의 간판도 보였어요.

한그린이 판트리올의 뺨에 입을 맞추고 달아났어요.

“재미있었어! 나중에 또 놀러 오자고.”

판트리올은 멍한 표정으로 뺨에 손을 대다 말고 한그린에게 말했어요.

“난 놀러 온 게 아니라 네 아빠 한수명 박사님이 시켜서 인벤션 월드 개장 전에 테스트하러 온 거라고 했잖아!”

“아무튼, 재미있었잖아!”

“말썽은 혼자 다 부리고는 재미있었다고? 사고뭉치 한그린, 박사님이 걱정하실 테니 어서 집으로 가자!”

“헤헤, 그래! 빨리 돌아가자!”

불가능한 발명은 피해야 한다!

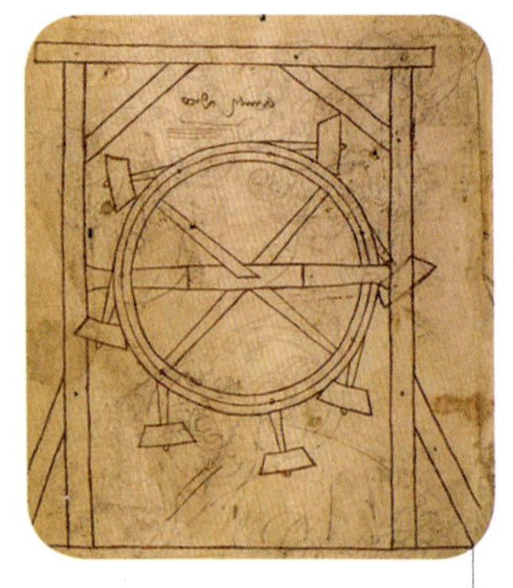

13세기의
무한동력기관 상상도

무한동력기관이란 말을 들어보았나요? 한 번 외부에서 동력을 받으면 그 이후로는 다시 에너지를 공급하지 않아도 스스로 영원히 운동하는 장치를 말해요. 물론 상상 속의 장치랍니다. 무한동력은 자연의 법칙인 에너지 불변의 법칙을 거스르는 것이므로 불가능해요.

과거에는 쇠로 금을 만들어낼 수 있다는 연금술에 많은 사람들이 관심을 가졌어요. 유래는 정확하지 않지만, 3~4세기경 이집트 사람들부터 근대에 이르기까지 수없이 많은 사람들이 연금술을 연구했어요. 하지만 18세기에 이르러 근대화학의 기초가 확립되자 모두 물거품이 되었어요. 연금술도 무한동력기관처럼 자연현상을 거스르는, 불가능한 기술이었기 때문이에요.

사람들이 오랫동안 미련을 버리지 못하는 발명이 또 하나 있어요. 바로 사람이 영원히 늙지도 죽지도 않는 방법이에요. 머나먼 미래의 어느 날 늙지 않는 묘약이나 죽지 않는 방법이 발명될지도 모르지만 지금으로써 불로불사는 불가능한 꿈이에요. 세포분열을 통해 생명을 이어가는 단세포 생물에게는 죽음이란 게 없다지만 사람을 비롯한 지구 상의 모든 다세포 생물에게 노화와 죽음은 변함없는 자연의 법칙이에요.

모두가 불가능하다고 하는 것에 도전하는 용기는 모든 발명가가 가져야 할 정신 자세지만, 자연법칙에 어긋나고 실용성이 전혀 없는 무한동력이나 연금술, 불로불사 같은 발명에 빠지는 것은 오히려 다른 가능성을 불가능하게 만들 수 있어요.

그래서 발명십계명의 마지막 열 번째는 '불가능은 버려라'예요. 불가능한 걸 가능하게 하려 하기보다는 가능한 걸 더 잘하기 위해 함께 노력해요!

현자의 돌을 찾는
연금술사

연금술을 연구하던 사람들을 연금술사라고 해요. 그들은 전설 속 '현자의 돌'을 얻으면 철이나 납 등을 금으로 만들 수 있으리라 생각했어요.

*친구들과, 가족들과 함께 풀어보고 모르는 것은 선생님께 물어보도록 해요!

발명십계명 QUIZ

발명 기법에 대한 설명으로 옳지 않은 것은? 2개를 고르시오.

(1) 기존 발명품에 다른 물건이나 방법을 추가할 수 있다.

(2) 큰 것을 작게 만들 수 있다.　　(3) 다른 사람의 특허를 모방하여 만들 수 있다.

(4) 기존 발명품의 모양, 크기, 방향, 성질 등의 특성을 반대로 적용할 수 있다.

(5) 자연법칙을 거스르더라도 끈기를 가지고 만들 수 있다.

1. 연료 없이 작동할 수 있는 기관으로, 물리학적으로 불가능하다.

2. 중세기 전 유럽에서 유행했던 화학기술로, 비금속을 귀금속으로 바꾸거나 불로장수약, 만능약 등을 창제하는 데 목적이 있었다.

4. 봄에 노란색 꽃이 피는 물푸레과의 관목

6. 생물이 생명의 기원 이후부터 점진적으로 변해 가는 현상

★예문 힌트 : 찰스 다윈은 ○○론을 정립하였다.

7. 폐지, 폐기물, 폐용기 등 못 쓰게 되어 버리는 물품

9. 모나리자를 그린 이탈리아의 화가이며, 천재적인 아이디어를 냈던 발명가이기도 한 그의 이름은 ○○○○○ 다빈치이다.

11. 문이나 창 따위를 옆으로 밀어서 여닫는 방식

12. 정보나 의사를 전달하여 알리는 것으로 우편이나 전화, 전신이 모두 '이것'에 속한다 ★예문 힌트 : ○○ 상태가 불안정하여 인터넷 연결이 되지 않는다.

13. 콩나물을 빽빽이 넣어서 키우는 둥근 질그릇으로, 사람이 몹시 많아서 빽빽할 때 '이것' 같다고 표현한다.

15. 물체가 빛을 가려서 그 물체의 뒷면에 드리워지는 검은 그늘

1. 태양과 반대쪽에 비가 올 경우, 그 물방울에 비친 태양광선이 물방울 안에서 반사 · 굴절되어 나타나는 현상

3. 금, 은, 구리, 청동 등과 같이 금속으로 만들어진 돈

★부분 말 힌트 : ○○화폐

5. "나의 사전에 불가능은 없다"라고 말한 프랑스 황제

8. 힘든 일을 서로 거들어 주면서 품을 지고 갚고 하는 일

10. 나무를 파서 만든 신발로, 앞뒤에 높은 굽이 있어 비가 오는 날이나 땅이 진 곳에서 신었다.

11. 눈으로는 볼 수 없는 아주 작은 생물

12. 식료품을 오래 보관하기 위해 양철통에 넣고 가열 · 살균한 뒤 밀봉한 것

14. 소라의 껍데기처럼 빙빙 비틀리어 고랑이 진 물건으로, 물건을 고정하는 데에 쓴다.

'발명의 3대 불가능 분야'라는 말을 들어보셨나요? 쇳덩이를 금으로 만들겠다는 연금술, 사람이 늙지도 죽지도 않게 하겠다는 불로장생약, 아무 에너지 없이 영원히 움직이는 무한 동력 영구기관이 그것이랍니다. 발명은 자연법칙을 거슬러서는 안 된다는 걸 기억하고 자신의 발명 아이디어를 점검해보도록 해요.

1. 나의 발명 아이디어는 과연 현실성이 있는 것일까?
   과학기술 원리에 입각하여 점검해보자!

나의 발명 아이디어

발명 동기

제작 과정

과학 기술 원리

효과 및 전망

2. 이상의 내용을 바탕으로 자신의 발명 아이디어에 점수를 매겨보자!

(5점 만점, 별표에 색칠하기)

신규성 ☆ ☆ ☆ ☆ ☆   진보성 ☆ ☆ ☆ ☆ ☆

*신규성 : 나의 발명은 새로운가?

*진보성 : 나의 발명은 전보다 더 발전, 개선되었는가?

수고하셨습니다! 여러분은 발명십계명을 모두 배웠어요. 이제 초보 발명가가 될 준비를 마친 거예요!

정답 풀이

● 크로스퍼즐 정답 (22페이지)

1 알	프	레	드	노	벨		2 폭	약
코							풍	
3 올	림	포(푸)	4 스			5 우	산
			마		6 선		
7 선	8 니	트	로	글	리	세	린
풍				라			
9 기	후	변	10 화	11 스	트	레	12 스
		13 합	체			웨
14 포	유	동	물			덴

● 나도 발명가 정답 (24페이지, 1번과 2번 문항)

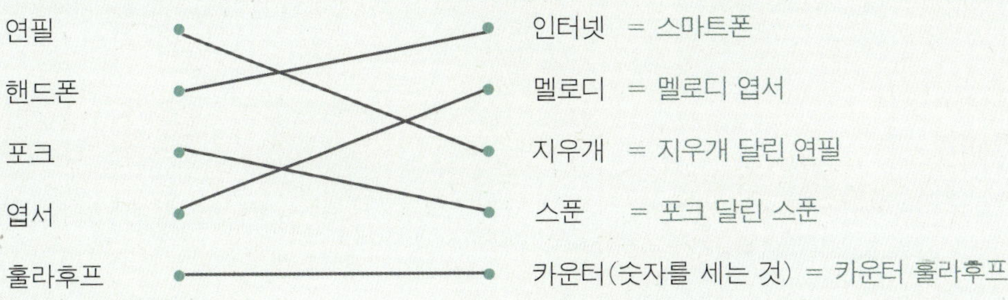

(3) 롤러블레이드　*바퀴 + 운동화

제2장 빼라

● 크로스퍼즐 정답 (34페이지)

<table>
<tr><td>¹제</td><td>임</td><td>²스</td><td>듀</td><td>³어</td><td></td><td>⁴보</td><td>⁵온</td><td>병</td></tr>
<tr><td></td><td></td><td>코</td><td></td><td>린</td><td></td><td></td><td>도</td><td></td></tr>
<tr><td>⁶재</td><td>봉</td><td>틀</td><td></td><td>이</td><td></td><td>⁷한</td><td>계</td><td>점</td></tr>
<tr><td></td><td></td><td>랜</td><td></td><td></td><td></td><td></td><td></td><td></td></tr>
<tr><td></td><td></td><td>⁸샌</td><td>드</td><td>위</td><td>⁹치</td><td>¹⁰왕</td><td></td><td></td></tr>
<tr><td></td><td></td><td></td><td></td><td></td><td>과</td><td>¹¹복</td><td>사</td><td>¹²열</td></tr>
<tr><td>¹³고</td><td>무</td><td>장</td><td>갑</td><td></td><td></td><td></td><td></td><td>대</td></tr>
<tr><td>릴</td><td></td><td></td><td></td><td></td><td></td><td>¹⁴근</td><td>원</td><td>지</td></tr>
<tr><td>¹⁵라</td><td>인</td><td>홀</td><td>트</td><td>부</td><td>르</td><td>거</td><td></td><td>방</td></tr>
</table>

- **발명십계명 Quiz 정답** (34페이지)

(2) 거꾸로 가는 시계

- **크로스퍼즐 정답** (46페이지)

1 안	전	2 면	도	3 기				4 킹
전		도		5 적	6 도		7 성	질
모		8 날	9 개		10 미	끼		레
			발		노		11 매	트
		12 헬			13 아	14 이	디	어
15 형		리		16 잉		발		
17 제	이	콥	쉬	크		사		18 물
		터					19 페	레

● 발명십계명 Quiz 정답 (46페이지)

(2) 아이디어 빌리기

● 나도 발명가 정답 (48페이지, 1번 문항 *위에서부터 순서대로)

미끄럼 방지 패드 → 고무패드를 붙이면 미끄러지지 않는다. → 고무바닥 그릇

파리 잡는 끈끈이 → 끈끈한 접착 물질을 이용해 벌레를 잡는다. → 바퀴벌레 잡는 끈끈이

우표 → 풀을 미리 발라놓으면 봉투에 붙이기 좋다. → 스티커 봉투

제4장 용도를 바꿔라

● 발명 스무고개 정답 (58페이지)

전자레인지

● 발명십계명 Quiz 정답 (59페이지)

(2) 물건의 일부 또는 전체의 모양을 바꾸는 것이다.

● 나도 발명가 정답 (60페이지, 1번 문항 *위에서부터 순서대로)

온도계 → 기온뿐 아니라 체온(몸의 온도)도 잴 수 있게 했다. → 체온계

조명등 → 불빛을 이용해 살균을 할 수 있게 했다. → 살균램프

텔레비전 리모컨 → 텔레비전 전원이 아니라 자동차의 시동을 켜고 끌 수 있게 했다.

→ 자동차 시동 리모컨

● 크로스퍼즐 정답 (70페이지)

바	람	개	비		나		풍	차
이					이		력	
올		돈	키	호	테		발	명
린	스						전	
			네	덜	란	드		
물	감		모					
레				회	전	에	너	지
방	앗	간			화			구
아		장			기			본

● 발명십계명 Quiz 정답 (70페이지)

(4) 예쁘게

● 나도 발명가 정답 (72페이지, 1번 문항 *위에서부터 순서대로)

물통 → 부피를 작게 → 접는 물통

수족관 → 두께를 얇게 → 벽걸이형 수족관

제6장 반대로 하라

● 크로스퍼즐 정답 (82페이지)

¹알	렉	²산	더	플	³레	밍			
		소			이				
			⁴해	저		⁵예			
⁶세		⁷시	골			방			
⁸렌	즈			⁹배	양	접	시		
디		¹⁰마		추		종			
피		술			¹¹팩				
¹²티	라	노	사	¹³우	르	스			
				박					

● 발명십계명 Quiz 정답 _(82페이지)

(1) 진공청소기 *바람을 내뿜던 프로펠러 모터를 바람을 빨아들이는 청소기로 응용하였다.

● 나도 발명가 정답 (84페이지, 1번 문항)

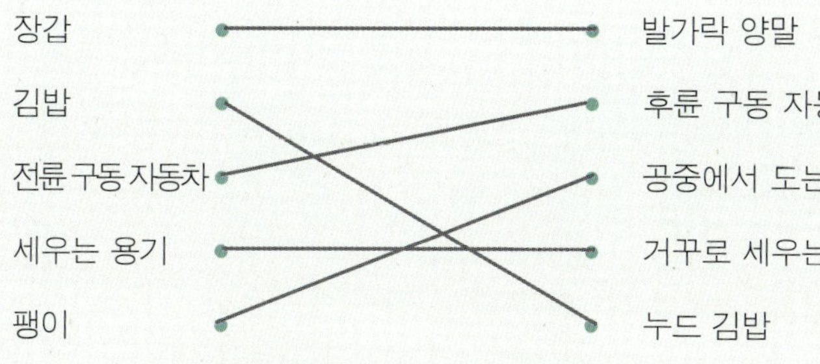

제7장 모양을 바꿔라

● 빈칸 채우기 정답 (94페이지)

1. 청진기　　　2. 캐먼　　　3. 모양

4. 콜라　　　5. 빨대　　　6. 성냥　　　7. 특허

● 발명십계명 Quiz 정답 (95페이지)

(5) 모양 바꾸기

● 크로스퍼즐 정답 (106페이지)

		¹카			²당	³구	공
		메				심	
⁴베	이	⁵클	라	⁶이	트	력	
		라		로			
		우	⁷하	이	⁸라	이	트
	⁹드	라	이		디		
			엇	¹⁰오	렌	¹¹지	
	¹²누	나	¹³의			하	
¹⁴벨	기	에	¹⁵사	시	사	철	

● 발명십계명 Quiz 정답 (106페이지)

(4) 재료 바꾸기, 크기 바꾸기

● 나도 발명가 정답 (108페이지, 1번 문항 *위에서부터 순서대로)

유리컵 → 플라스틱 컵 : 쉽게 깨지지 않으므로 안전하다, 가볍다

가죽 가방 → 종이 가방 : 가볍고, 값이 싸며, 동물을 보호할 수 있다

제9장 재활용하라

● 크로스퍼즐 정답 (118페이지)

● 발명십계명 Quiz 정답 (118페이지)

(2) 경제성

● 크로스퍼즐 정답 (130페이지)

무	한	동	력		연	금	술
지						속	
개	나	리		진	화		
	폴				폐	품	
레	오	나	르	도		앗	
옹		막		미	닫	이	
	통	신		생			
	조		콩	나	물	시	루
그	림	자		사			

● 발명십계명 Quiz 정답 (130페이지, 정답 2개)

(3) 다른 사람의 특허를 모방하여 만들 수 있다.

(5) 자연법칙을 거스르더라도 끈기를 가지고 만들 수 있다.

10일 만에 발명가 되기

10일 만에
한 권으로 익히는 발명십계명 & 발명 노트
발명가되기

발명십계명을 배웠다면,

골든벨을 울려라!

한그린과 판트리올이
발명 시간 여행 중
제일 먼저 도착한 곳(나라)은?

____

다이너마이트는 발명십계명
중 어떤 원리로 만들어졌을까?

____

_______ + _______

다이너마이트가 만들어진 원리를 생각하며 위의 빈칸을 채워보자!

다이너마이트를
만든 사람의 이름은?

____

같은 원리로
만들어진
역사적 발명품은
어떤 것이 있을까?
생각해보자!

관찰하기

여러분의 주변에도 더하기 사고를 통해 만들어진 발명품이 많이 있을 거예요.
집이나 학교, 또는 학원에서 더하기 사고를 통해 만들어진 발명품을 찾아보고,
다섯 가지 이상 적어보아요!

1. ________________

2. ________________

3. ________________

4. ________________

5. ________________

○ ＋ ○
____　　　____

스마트폰은 무엇과 무엇이 합쳐진 것일까?
위의 빈칸을 채워보자!

DAY 1. MEMO

....

....

....

1. 오늘 주변에서 찾은 더하기 원리 발명품은 무엇이며,
   무엇과 무엇이 더해진 것인가요?

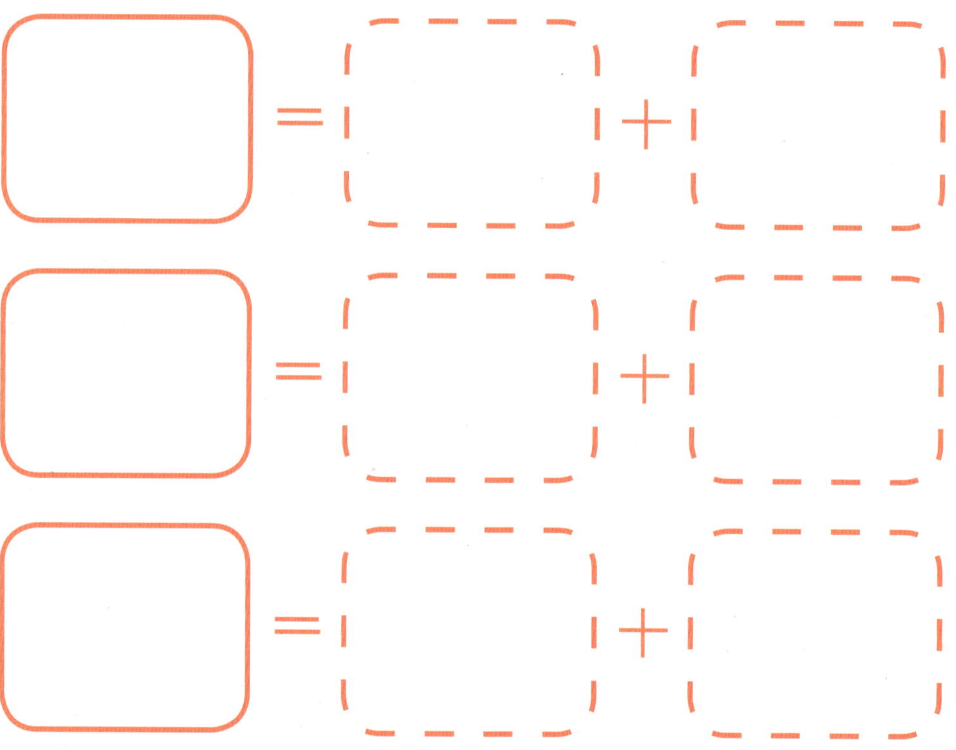

2. 나만의 더하기 발명 아이디어를 고민해보고,
   어떤 모양의 발명품이 탄생할지 상상도를 그려보자!

나의 발명 아이디어

발명 아이디어 스케치

두 번째 날
발명십계명을 배웠다면,
골든벨을 울려라!

겨울철 바깥에서도
따뜻한 음료를
마실 수 있도록
만들어진 발명품은?

이 발명품은
발명십계명 중
어떤 원리로 만들어졌을까?

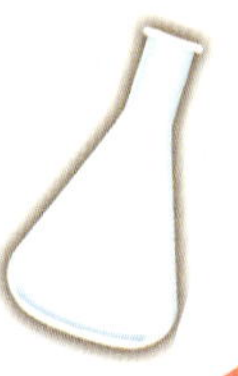

이 발명품을
만든 스코틀랜드의
화학자는?

그는 병과 병
사이의 ○○을 빼서
진공상태를 만들었다.
빈칸에 들어갈 말은?

생각하기

무조건 있는 물건에서 무언가 없앤다고 해서 발명이 되는 것은 아니며, 새로운 효과가 발생해야 해요. 빼기 발명을 통해 기대할 수 있는 효과는 어떤 것이 있을까요? 세 가지만 생각해보아요. (예시. 연료를 절약할 수 있다)

1. ____

2. ____

3. ____

같은 원리로
만들어진 발명품은
어떤 것들이 있을까?

디지털 카메라는 무엇에서 무엇을 뺀 것일까?
아래의 빈칸을 채워보자!

_______　　　　　_______

DAY 2. MEMO

1. 오늘 주변에서 찾은 빼기 원리 발명품은 무엇이며,
   무엇에서 무엇을 뺀 것인가요?

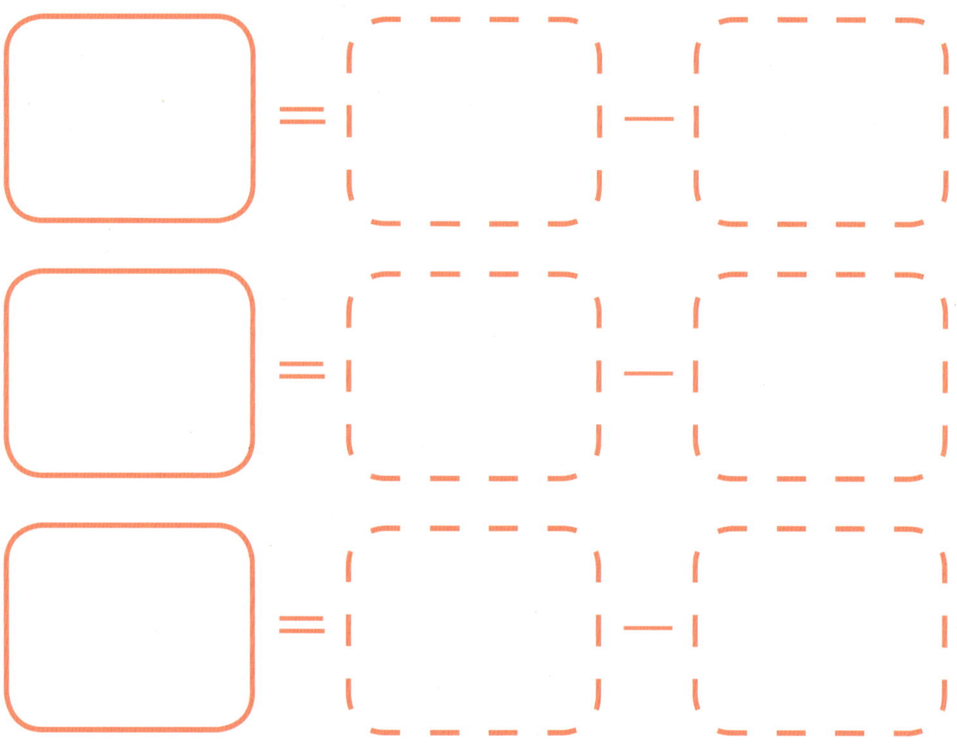

2. 나만의 빼기 발명 아이디어를 고민해보고,
   어떤 모양의 발명품이 탄생할지 상상도를 그려보자!

나의 발명 아이디어

발명 아이디어 스케치

발명십계명을 배웠다면,

골든벨을 울려라!

킹 질레트가 이발소에서
빗 틈으로 삐져나온 머리카락을
자르는 이발사의 모습을 보고
만든 이 발명품은 무엇일까요?

____

제이콥 시크가 질레트의
발명품을 더욱 개량하여
만든 발명품은?

____

이 발명품은 어떤 원리로
만들어졌을까?

____

이 원리로 발명할 때는
타인의 산업 ○○권을
침해하지 않도록 주의해야 한다.
빈칸에 들어갈 말은?

____

아이디어 빌리기 원리로 만들어진 발명품들에 관해 생각해보아요!

파리 잡는 끈끈이

_______ 잡는 끈끈이

_______ 잡는 끈끈이

발명 이야기

일본의 어느 회사 사장이 기차를 타고 가고 있었다. 그런데 문득 옆의 두 사람이 하는 이야기가 들려왔다. 그들은 쥐를 잡는 방법에 관해 이야기를 나누고 있었다.

"쥐틀을 한 번 이용해보세요. 쥐가 먹이를 잡으려고 들어가면 갇혀서 나오지 못해요."

바퀴벌레를 없애는 방법이 없을까 마침 고심하던 차에 그 이야기를 들은 사장은 거기서 아이디어를 빌려 쥐틀과 비슷한 구조의 바퀴벌레 틀을 만들었다. 바퀴벌레 틀은 큰 성공을 거두었다.

DAY 3. MEMO

1. 오늘 주변에서 찾은 아이디어 빌리기 원리 발명품은 무엇이며,
   어떤 아이디어를 빌린 것인가요?

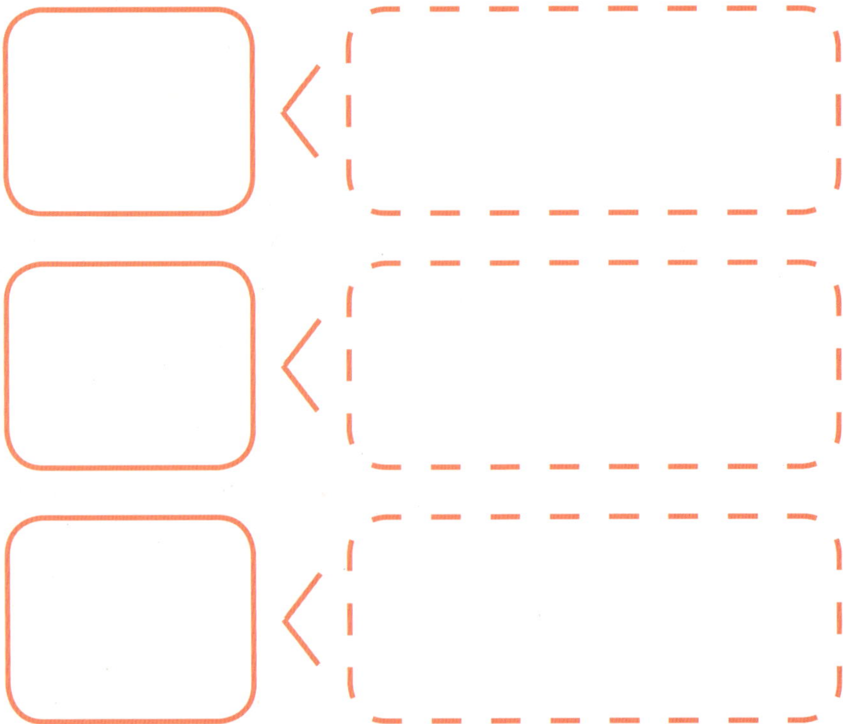

2. 나만의 발명 아이디어를 고민해보고,
   어떤 모양의 발명품이 탄생할지 상상도를 그려보자!

나의 발명 아이디어

발명 아이디어 스케치

골든벨을 울려라!

오늘날 주방에서 흔히
사용하는 조리기구로,
불 없이 음식을 데울 수 있는
발명품은 무엇일까?

____

이 발명품은 발명십계명 중
어떤 원리로 만들어졌을까?

____

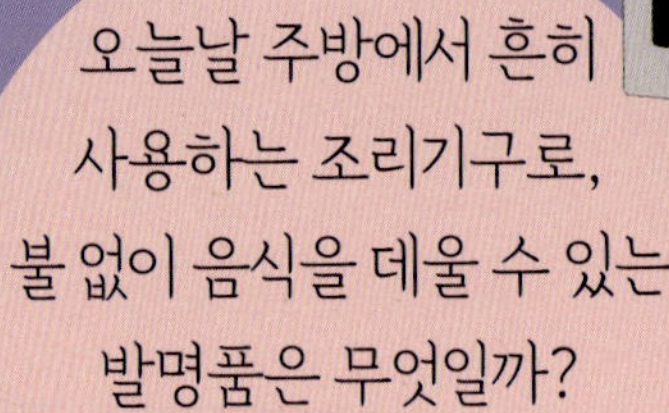

이 발명품을 만든
사람은?

____

그는 원래 레이더
전파를 이용한 ○○를
연구 중이었다.
빈칸에 들어갈 말은?

____

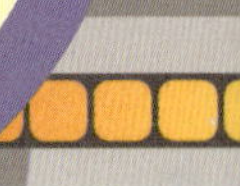

같은 원리로
만들어진
발명품에 관해
생각해보자.

______

______

위의 그림 속 물건의 용도를 바꿈으로써
탄생한 발명품은 무엇일까?
(힌트! 본문 60쪽을 참고하라!)

무더운 여름철, 간편하게 손에
지니고 다니는 휴대용 선풍기
의 용도를 바꿔서 새로운 발명
품을 만들 수 있어요.
어떤 발명품을 만들 수 있을지
생각해보고, 아이디어를 적어
보아요.

____

____

____

____

____

____

____

DAY 4. MEMO

....

....

....

1. 오늘 주변에서 찾은 용도 바꾸기 원리 발명품은 무엇이며,
   무엇의 용도를 어떻게 바꾼 것인가요?

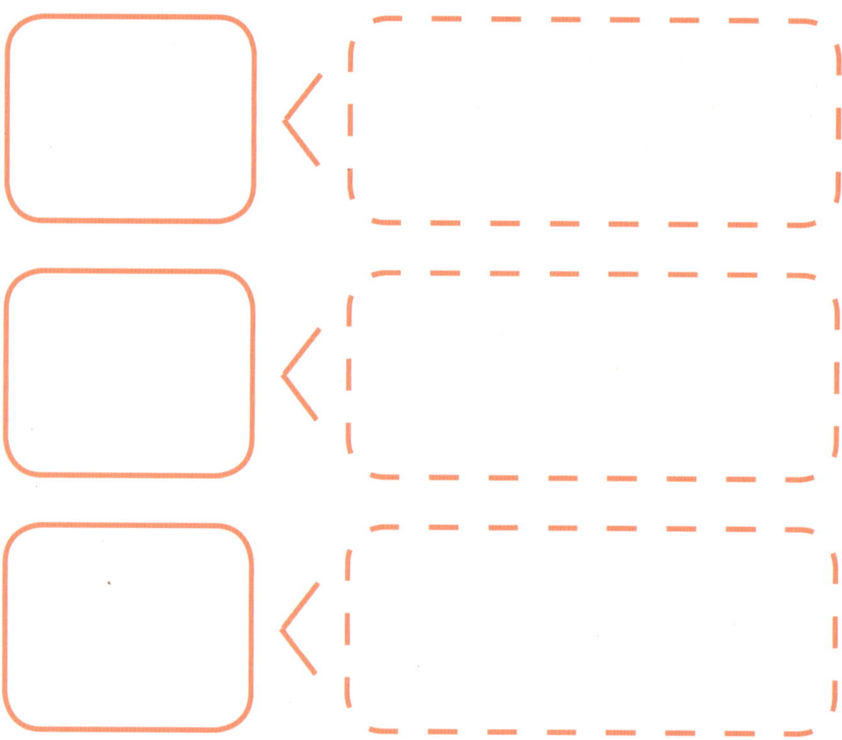

2. 나만의 용도 바꾸기 발명 아이디어를 고민해보고,
   어떤 모양의 발명품이 탄생할지 상상도를 그려보자!

나의 발명 아이디어

발명 아이디어 스케치

발명십계명을 배웠다면,

골든벨을 울려라!

바람개비와 같은
원리로, 바람의 힘을
이용해서 동력을 얻는 기계는?

____

이 원리로
만들어진 발명품에
관해 생각해보자.

수원이 없는 곳에 물을
공급하기 위해 만드는 운하는
작은 ○과 같다.
빈칸에 들어갈 말은?

____

발명십계명 중
이 두 가지 발명품과
관련 있는 것은?

____

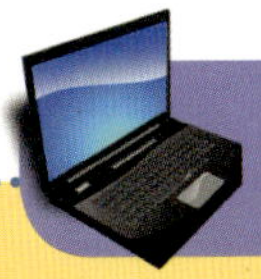

생각하기

크기 바꾸기 발명의 효과에 대해 생각해보세요.

1. ____

2. ____

3. ____

기존의 물건을 크게 바꿔서 더 편리해진 발명품은 어떤 것이 있을까?

기존의 물건을 작게 바꿔서 더 편리해진 발명품은 어떤 것이 있을까?

DAY 5. MEMO

1. 오늘 주변에서 찾은 크기 바꾸기 원리 발명품은 무엇이며,
   무엇을 어떻게 바꾼 것인가요?

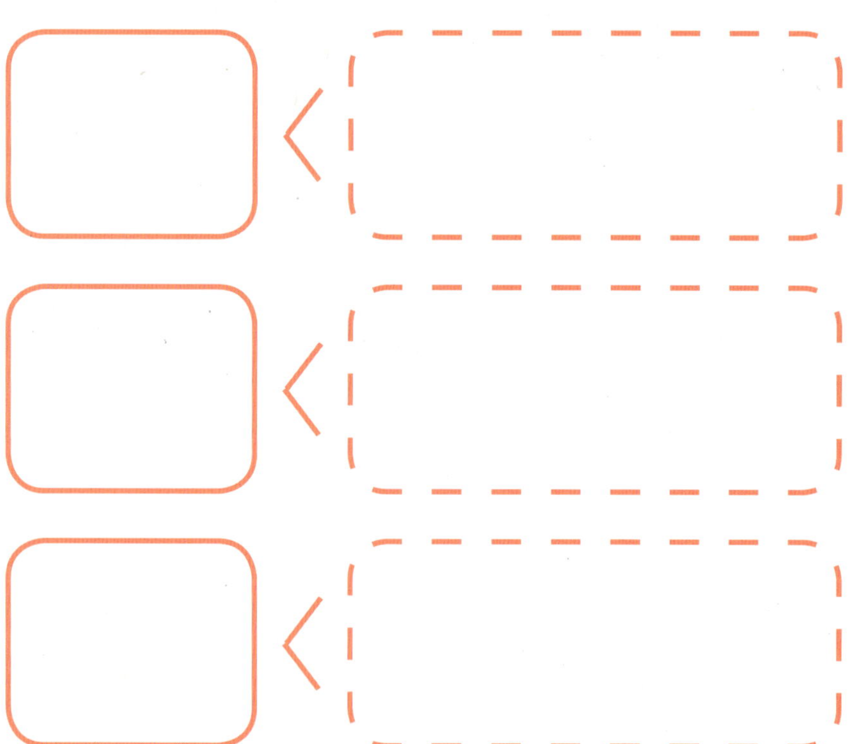

2. 나만의 크기 바꾸기 발명 아이디어를 고민해보고,
   어떤 모양의 발명품이 탄생할지 상상도를 그려보자!

나의 발명 아이디어

발명 아이디어 스케치

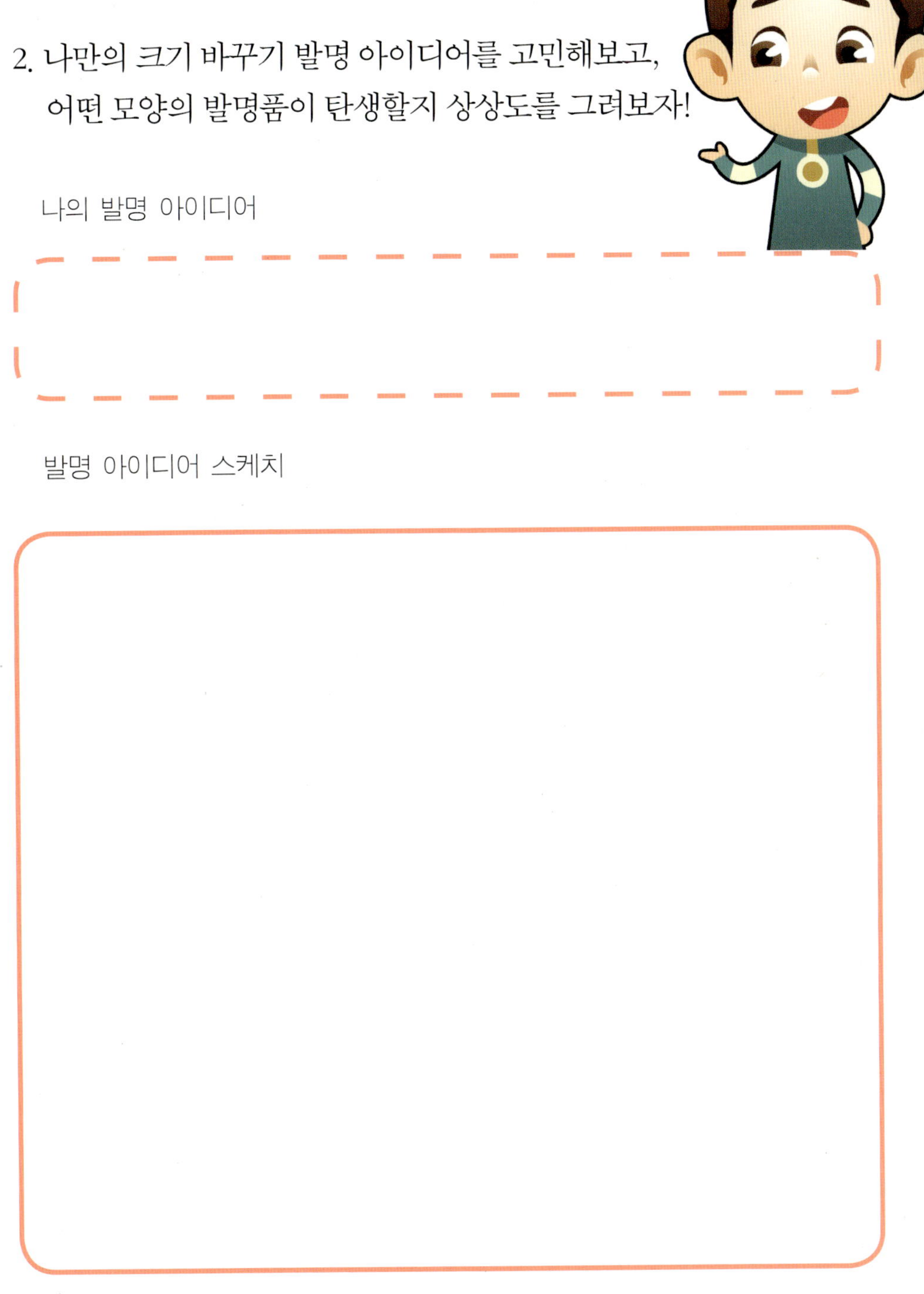

발명십계명을 배웠다면,

골든벨을 울려라!

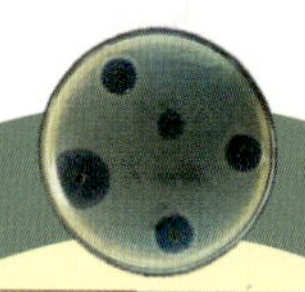

이것은 우연히 배양접시에 핀
푸른곰팡이를 연구한 결과
만들어진 인류 최초의 항생제이다.
이것은 무엇일까?

____

이것은 발명십계명의
어떤 원리로 발명되었을까?

____

그는 이 발명으로 1945년
○○ 의학상을 수상했다.
빈칸에 들어갈 말은?

____

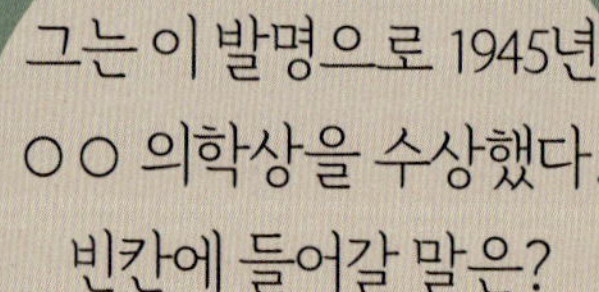

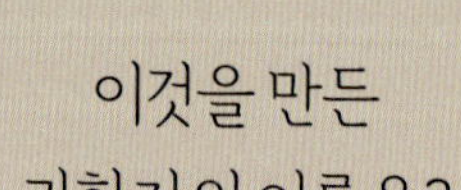

이것을 만든
과학자의 이름은?

____

고정관념을 바꾼
반대로 하기 발명품들에
관해 생각해보자!

어떤 것을 연구하던 중
운 좋게도 전혀 새로운 발명이나
발견을 하게 되는 것을
○○○○○ 효과라고 한다.
빈칸에 들어갈 말은?

____

생각하기

어떤 물건의 모양이나 크기, 성질, 방향, 숫자 등을 반대로 하거나 거꾸로 함으로써 새로운 발명품이 탄생할 수 있어요. 반대로 해서 더 편리해진 발명품으로는 어떤 것들이 있을까요?

1. ________________

2. ________________

3. ________________

4. ________________

5. ________________

DAY 6. MEMO

....

....

....

1. 오늘 주변에서 찾은 반대로 하기 원리 발명품은 무엇이며,
   무엇을 어떻게 바꾼 것인가요?

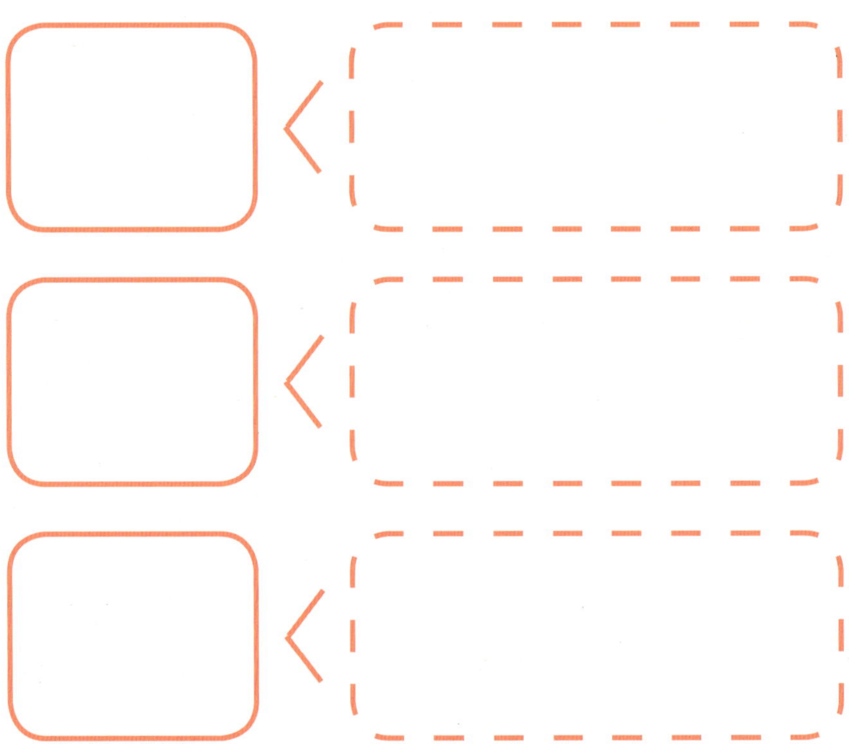

2. 나만의 반대로 하기 발명 아이디어를 고민해보고,
   어떤 모양의 발명품이 탄생할지 상상도를 그려보자!

나의 발명 아이디어

발명 아이디어 스케치

발명십계명을 배웠다면,

골든벨을 울려라!

몸속에서 나는
소리를 듣고 진단하기 위한
의료기구는 무엇일까?

____

라에네크의
원통형 청진기를
튜브형 쌍이 청진기로
만든 미국의 의사는?

____

라에네크가 만든 최초의 청진기는
○○으로 만든 원통형 모양이었다.
빈칸에 들어갈 말은?

____

튜브형 쌍이 청진기는
발명십계명 중 어떤 원리로
만들어진 것일까?

____

생각하기

모양 바꾸기는 물건의 본질은 그대로 두고 물건의 생김, 소리, 냄새 등을
바꿈으로써 새로운 발명품을 만들어내는 것이에요.
모양 바꾸기 발명을 통해 기대할 수 있는 효과는 어떤 것이 있을까요?

1. ____

2. ____

3. ____

같은 원리로
만들어진 발명품은
어떤 것이 있을까?
생각해보자!

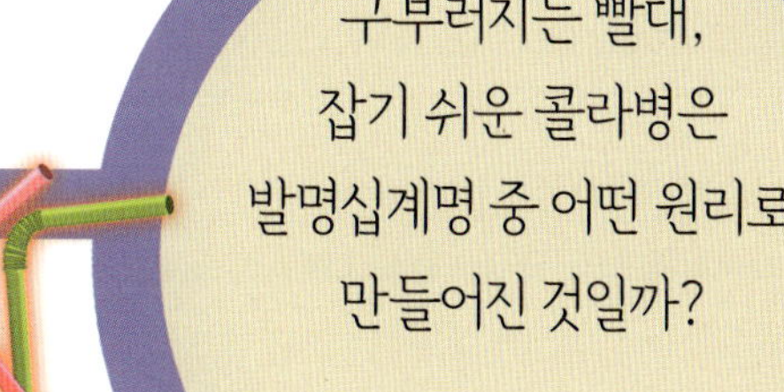

구부러지는 빨대,
잡기 쉬운 콜라병은
발명십계명 중 어떤 원리로
만들어진 것일까?

____

DAY 7. MEMO

....

....

....

1. 오늘 주변에서 찾은 모양 바꾸기 발명품은 무엇이며,
   무엇을 어떻게 바꾼 것인가요?

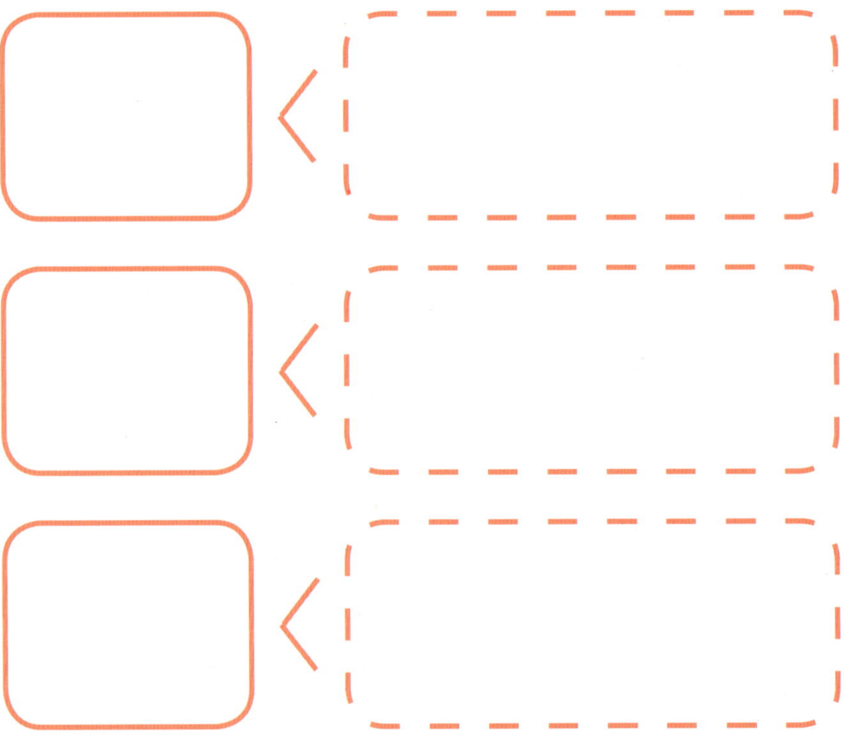

2. 나만의 모양 바꾸기 발명 아이디어를 고민해보고,
   어떤 모양의 발명품이 탄생할지 상상도를 그려보자!

나의 발명 아이디어

발명 아이디어 스케치

발명십계명을 배웠다면,

골든벨을 울려라!

19세기 사람들은 아프리카 코끼리의 이것으로 당구공을 만들었다. 이것은 무엇일까?

____

1869년, 기존과는 전혀 다른 재료로 당구공을 만든 사람은?

____

이 물질은 오늘날 ○○○○ 시대의 서막을 열었다. 이것은 가벼우며, 부식되지 않아 광범위하게 사용되고 있다. 빈칸에 들어갈 말은?

____

그들이 만들어낸 새로운 물질의 이름은?

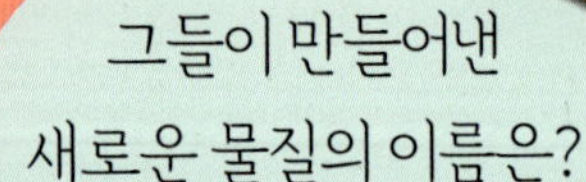

____

이 물질은 발명십계명 중
어떤 원리로 만들어진 것일까?

____

최초의 합성수지
플라스틱을
발명한 벨기에 출신의
과학자는?

____

생각하기

기존의 재료를 바꿔서 더 편리
하게 만들 수는 없을까? 아래
물건의 재료를 무엇으로
바꾸면 좋을지 생각해보자!

1. 철가방

____

2. 플라스틱 마네킹

____

3. 나무주사위

____

4. 유리컵

____

DAY 8. MEMO

1. 오늘 주변에서 찾은 재료 바꾸기 발명품은 무엇이며,
   무엇을 어떻게 바꾼 것인가요?

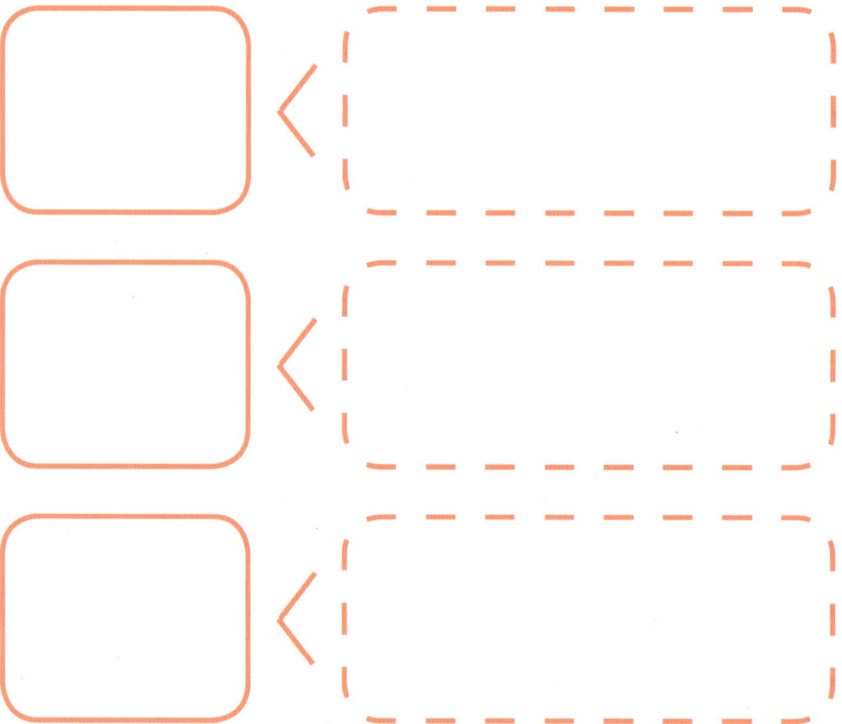

2. 나만의 재료 바꾸기 발명 아이디어를 고민해보고,
   어떤 모양의 발명품이 탄생할지 상상도를 그려보자!

나의 발명 아이디어

발명 아이디어 스케치

발명십계명을 배웠다면,

골든벨을 울려라!

상한 우유의 덩어리를 재활용하여 만들어진 발명품(음식)은 무엇일까?

____

이것은 발명십계명의 어떤 원리로 발명되었을까?

____

이 음식을 통해 3대 필수 영양소 중 한 가지인 ○○○을 쉽게 섭취할 수 있다. 빈칸에 들어갈 말은?

____

이외에도 상한 우유를 버리지 않고 재활용하여 탄생한 음식 으로는 어떤 것이 있을까?

____

생각하기

재활용하기 발명은 자원 재활용 차원에서 사회에 많은 이익을 가져
다줘요. 재활용하기 발명으로 기대할 수 있는 사회적 효과는
어떤 것이 있을지 생각해보세요.

1. ____

2. ____

3. ____

가열 살균법을 개발한
프랑스의 생화학자로서
세균학의 아버지로 불리는 사람은?

____

같은 원리로
만들어진 발명품에
대해 생각해보자!

DAY 9. MEMO

....

....

....

1. 오늘 주변에서 찾은 재활용하기 발명품은 무엇이며,
   무엇을 어떻게 재활용한 것인가요?

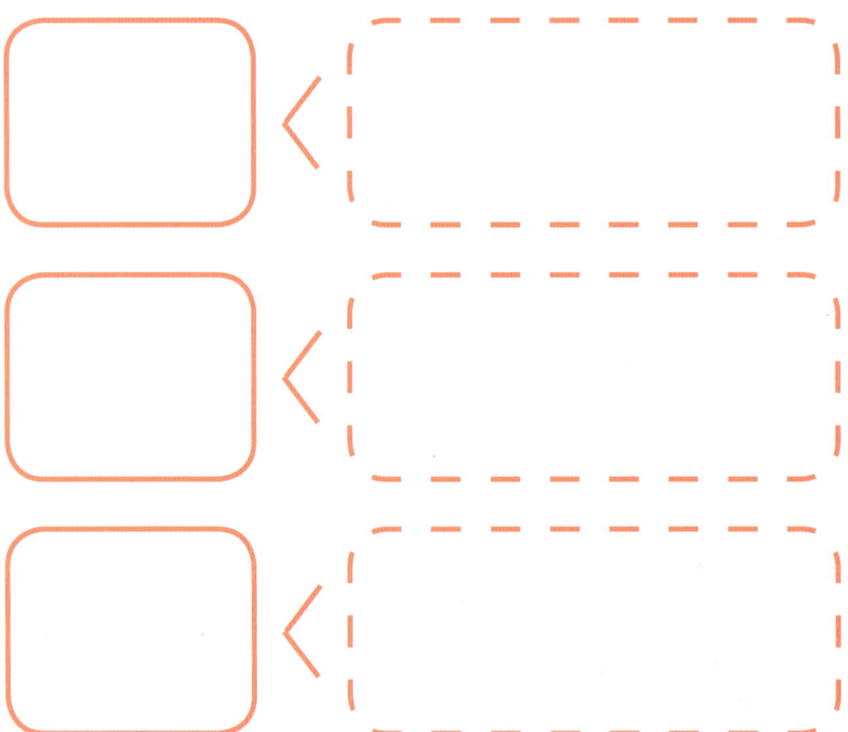

2\. 나만의 재활용 발명 아이디어를 고민해보고,
   어떤 모양의 발명품이 탄생할지 상상도를 그려보자!

나의 발명 아이디어

발명 아이디어 스케치

발명십계명을 배웠다면,

골든벨을 울려라!

한 번 외부에서 동력을 받으면 다시 에너지를 공급하지 않아도 스스로 영원히 움직일 수 있는 상상 속의 장치는?

____

과거에는 쇠로 금을 만들어낼 수 있다는 ○○○이 큰 인기를 끌었다. 그러나 18세기 근대 화학의 기초가 확립되며 ○○○은 불가능한 것으로 밝혀졌다. 빈칸에 들어갈 말은?

____

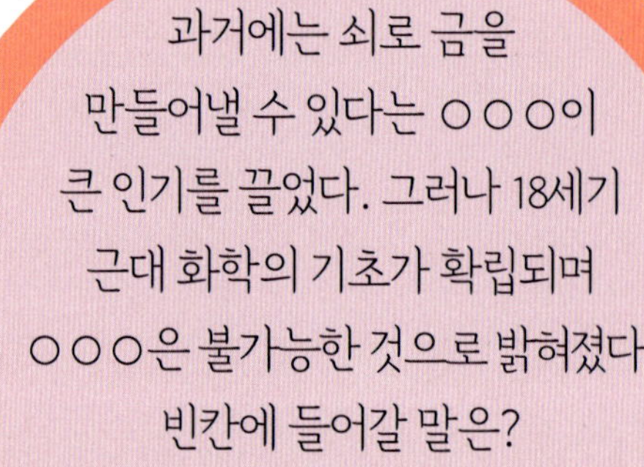

이 두 가지는 자연법칙을 거스르는, 불가능한 기술이다. 이와 관련 있는 발명십계명의 원리는 무엇일까?

____

생각하기

옛날 사람들은 하늘을 나는 기계가 불가능한 상상 속 발명품이라고 생각했어요. 하지만 라이트 형제는 비행기를 만드는 데 성공했습니다. 불가능한 발명인 무한동력기관, 불가능한 발명으로 여겨졌지만 결국 성공한 비행기. 이 두 가지의 차이는 무엇일까요? 곰곰이 생각해보고 자신의 의견을 써보도록 해요.

____

____

____

DAY 10. MEMO

....

....

....

● 지금까지 발명노트에 적었던 발명 아이디어 중 한 가지를 골라 개
선할 점은 없는지 생각해보고, 자신의 아이디어에 점수를 매겨봐
요! (책 132~133쪽 참조)

나의 발명 아이디어

목표

나의 발명 아이디어 점수는?

- 신규성 ☆☆☆☆☆
- 진보성 ☆☆☆☆☆

개선할 점

골든벨을 울려라

정 답 풀 이

첫 번째 날

▶ 한그린과 판트리올이 발명시간 여행 중 제일 먼저 도착한 곳(나라)은? 스웨덴

▶ 다이너마이트는 발명십계명 중 어떤 원리로 만들어졌을까? 더하라

▶ 다이너마이트가 만들어진 원리를 생각하며 위의 빈칸을 채워보자! 규조토, 니트로글리세린

▶ 다이너마이트를 만든 사람의 이름은? 알프레드 노벨

▶ 스마트폰은 무엇과 무엇이 합쳐진 것일까? 위의 빈칸을 채워보자. 인터넷, 핸드폰

두 번째 날

▶ 겨울철 바깥에서도 따뜻한 음료를 마실 수 있도록 만들어진 발명품은? 보온병

▶ 이 발명품은 발명십계명 중 어떤 원리로 만들어졌을까? 빼라

▶ 이 발명품을 만든 스코틀랜드의 화학자는? 제임스 듀어

▶ 그는 병과 병 사이의 ○○을 빼서 진공상태를 만들었다. 빈칸에 들어갈 말은? 공기

▶ 디지털 카메라는 무엇에서 무엇을 뺀 것일까? 아래의 빈칸을 채워보자. 카메라, 필름

세 번째 날

▶ 킹 질레트가 이발소에서 빗 틈으로 삐져나온 머리카락을 자르는 이발사의 모습을 보고 만든
이 발명품은 무엇일까요? 안전 면도기

▶ 제이콥 시크가 질레트의 발명품을 더욱 개량하여 만든 발명품은? 전기 면도기

▶ 이 발명품은 어떤 원리로 만들어졌을까? 아이디어를 빌려라

▶ 이 원리로 발명할 때는 타인의 산업○○권을 침해하지 않도록 주의해야 한다. 빈칸에 들어
갈 말은? 재산

네 번째 날

▶ 오늘날 주방에서 흔히 사용하는 조리도구로, 불 없이 음식을 데울 수 있는 발명품은 무엇일
까? 전자레인지

▶ 이 발명품은 발명십계명 중 어떤 원리로 만들어졌을까? 용도를 바꿔라

▶ 이 발명품을 만든 사람은? 퍼시 스펜서

▶ 그는 원래 레이더 전파를 이용한 ○○를 연구 중이었다. 빈칸에 들어갈 말은? 무기

▶ 위의 그림 속 물건의 용도를 바꿈으로써 탄생한 발명품은 무엇일까? 체온계, 살균램프

다섯 번째 날

▶ 바람개비와 같은 원리로, 바람이 힘을 이용해서 동력을 얻는 기계는? 풍차

▶ 수원이 없는 곳에 물을 공급하기 위해 만드는 운하는 작은 ○과 같다. 빈칸에 들어갈 말은?
강

▶ 발명십계명 중 이 두 가지 발명품과 관련 있는 것은? 크기를 바꿔라

▶ 기존의 물건을 크게 바꿔서 더 편리해진 발명품은 어떤 것이 있을까? (예시) 양문형 냉장고, 대형 텔레비전

▶ 기존의 물건을 작게 바꿔서 더 편리해진 발명품은 어떤 것이 있을까? (예시) 접는 우산, 노트북 컴퓨터

여섯 번째 날

▶ 이것은 우연히 배양접시에 핀 푸른곰팡이를 연구한 결과 만들어진 인류 최초의 항생제이다. 이것은 무엇일까? 페니실린

▶ 이것은 발명십계명의 어떤 원리로 발명되었을까? 반대로 하라

▶ 이것을 만든 과학자의 이름은? 알렉산더 플레밍

▶ 그는 이 발명으로 1945년 ○○의학상을 수상했다. 빈칸에 들어갈 말은? 노벨

▶ 어떤 것을 연구하던 중 운 좋게도 전혀 새로운 발명이나 발견을 하게 되는 것을 ○○○○○ 효과라고 한다. 빈칸에 들어갈 말은? 세렌디피티

일곱 번째 날

▶ 몸속에서 나는 소리를 듣고 진단하기 위한 의료기구는 무엇일까? 청진기

▶ 라에네크가 만든 최초의 청진기는 ○○으로 만든 원통형 모양이었다. 빈칸에 들어갈 말은? 나무

▶ 라에네크의 원통형 청진기를 튜브형 쌍이 청진기로 만든 미국의 의사는? 조지 캐먼

▶ 튜브형 쌍이 청진기는 발명십계명 중 어떤 원리로 만들어진 것일까? 모양을 바꿔라

▶ 구부러지는 빨대, 잡기 쉬운 콜라병은 발명십계명 중 어떤 원리로 만들어진 것일까? 모양을
바꿔라

여덟 번째 날

▶ 19세기 사람들은 아프리카코끼리의 이것으로 당구공을 만들었다. 이것은 무엇일까? 상아
▶ 1869년, 기존과는 전혀 다른 재료로 당구공을 만든 사람은? 하이엇 형제
▶ 그들이 만들어낸 새로운 물질의 이름은? 셀룰로이드
▶ 이 물질은 오늘날 ○○○○ 시대의 서막을 열었다. 이것은 가벼우며, 부식되지 않아 광범위
하게 사용되고 있다. 빈칸에 들어갈 말은? 플라스틱
▶ 이 물질은 발명십계명 중 어떤 원리로 만들어진 것일까? 재료를 바꿔라
▶ 최초의 합성수지 플라스틱을 발명한 벨기에 출신의 과학자는? 베이클랜드

아홉 번째 날

▶ 상한 우유의 덩어리를 재활용하여 만들어진 발명품(음식)은 무엇일까? 치즈
▶ 이것은 발명십계명의 어떤 원리로 발명되었을까? 재활용하라
▶ 이 음식을 통해 3대 필수영양소 중 한 가지인 ○○○을 쉽게 섭취할 수 있다. 빈칸에 들어
갈 말은? 단백질
▶ 이외에도 상한 우유를 버리지 않고 재활용하여 탄생한 음식으로는 어떤 것이 있을까? 요구
르트
▶ 가열살균법을 개발한 프랑스의 생화학자로서 세균학의 아버지로 불리는 사람은? 루이 파스
퇴르

열 번째 날

▶ 한 번 외부에서 동력을 받으면 다시 에너지를 공급하지 않아도 스스로 영원히 움직일 수 있는 상상 속의 장치는? 무한 동력 기관

▶ 과거에는 쇠로 금을 만들어낼 수 있다는 ○○○이 큰 인기를 끌었다. 그러나 18세기 근대 화학의 기초가 확립되며 ○○○은 불가능한 것으로 밝혀졌다. 빈칸에 들어갈 말은? 연금술

▶ 이 두 가지는 자연법칙을 거스르는, 불가능한 기술이다. 이와 관련 있는 발명십계명의 원리는 무엇일까? 불가능은 버려라